国家“双高计划”特色教材

炭素材料检测技术

主　编　李瑛娟　宋群玲
副主编　杨金山　李明晓
　　　　谭艳霞　李国芳

哈尔滨工程大学出版社
Harbin Engineering University Press

内容简介

本书依据炭素检验员的岗位需求，主要介绍了炭素检验员准备工作、炭素材料基础试验、煤沥青的测定、炭石墨材料物理性能的测定、炭石墨材料力学性能的测定、炭石墨材料电学性能的测定、炭石墨材料热学性能的测定、炭石墨材料新指标的测定8个项目的内容；以学生为主体，通过项目任务化设置相应知识点的学习，拓展典型设备的操作规程，并将重要知识点以微课形式进行展现，穿插动画、视频、PPT素材资源，使学生能够学以致用，提高实践动手能力；以炭素检验员敬业、精益、专注、细心、耐心等素养作为思政主线，将思政元素润物无声地融入每个知识点的学习中，提高学习者的综合素养，实现协同育人。

本书可作为大中专院校炭材料工程技术及相关专业的教学用书，也可供从事炭素教学、科研、设计和生产等相关工作人员参考使用。

图书在版编目(CIP)数据

炭素材料检测技术/李瑛娟，宋群玲主编. —哈尔滨：哈尔滨工程大学出版社，2023.11
ISBN 978-7-5661-4158-3

Ⅰ. ①炭… Ⅱ. ①李… ②宋… Ⅲ. ①炭素材料-检测 Ⅳ. ①TM242.06

中国国家版本馆CIP数据核字(2023)第230509号

炭素材料检测技术
TANSU CAILIAO JIANCE JISHU

选题策划 田 婧
责任编辑 丁 伟
封面设计 李海波

出版发行 哈尔滨工程大学出版社
社　　址 哈尔滨市南岗区南通大街145号
邮政编码 150001
发行电话 0451-82519328
传　　真 0451-82519699
经　　销 新华书店
印　　刷 哈尔滨午阳印刷有限公司
开　　本 787 mm×1 092 mm 1/16
印　　张 12.5
字　　数 314千字
版　　次 2023年11月第1版
印　　次 2023年11月第1次印刷
书　　号 ISBN 978-7-5661-4158-3
定　　价 49.80元

http://www.hrbeupress.com
E-mail:heupress@hrbeu.edu.cn

前　言

炭素材料的检测分析是炭素材料生产过程中重要的一个环节,它直接关系到炭素材料生产的质量监控,是尽早发现炭素材料生产过程中出现的问题,及时采取改进措施的重要依据。因此,我们必须掌握炭素材料检测的各项技术。

炭素材料的分析,根据测试对象可以分为原料分析检验、半成品检验和成品检验三种类型。

检测的内容与目的:(1)检测原料质量、半成品的质量及成品的质量;(2)通过检测,控制原料进厂质量,指导和控制生产过程,以达到获得优质产品的目的。

在炭素生产过程中,原料、半成品和成品的基础试验主要包括水分、挥发分、灰分、硫分等的测定。

原料检测又可分为固体原料检测和黏结剂(或浸渍剂)检测。除上述检测项目外,对于固体原料还有密度、气孔率、金相显微镜和 X 射线衍射及电子显微镜等检测;对于黏结剂(或浸渍剂)还有沥青软化点、固定炭、沥青组分分析等检测。

生产过程中的控制检测包括以下几个方面。

(1)煅后料检测:对于煅后焦的检测主要有真密度、灰分、粉末比电阻、气孔率与孔径分布的测量;煅后焦的结构分析,如金相显微镜、X 射线衍射、电子显微镜分析等;以及热学和磁学性能的分析。

(2)粉粒制备与配料中的检测:对于粉碎后的物料,应进行粒度与粒度分布、松装密度及粉末比表面积的测定。

(3)糊料的质量检测:对糊料应进行水分、挥发分、灰分的测定;对于糊类产品,还应进行烧结试验及强度和电阻率测定。

(4)成型生坯的检测:对于成型生坯,应进行外观检测(破损、外裂、弯曲与变形)、内裂检测(目前主要采用敲击法即共振法来检测)及体积密度检测。

(5)焙烧坯的检测:主要是外观检测(开裂、弯曲与变形),还应对体积密度、气孔率、强度及电阻率进行抽检。

(6)浸渍坯的检测:主要是浸透性和增重率的检测。

对于石墨化的毛坯(也可称为产品)及机械加工后的产品检测包括以下几个方面。

(1)机械加工质量的检测:主要是尺寸的精度和表面粗糙度的检测。

(2)化学成分分析的检测,成分及其元素分析:主要根据产品的不同,对硫、磷、钡、镍、钛及其他微量元素进行的分析。

(3)一般物理性能的测定:主要包括体积密度、真密度、气孔率(显气孔率、真气孔率)、气孔分布与孔径分布的测定。

(4)结构分析的检测:主要有金相显微镜、X 射线衍射、电子显微镜及石墨化程度的测定。

(5)机械性能的测定:主要是抗压、抗弯、抗拉、弹性模量及硬度的测定;此外还有摩擦系数及磨损量的测定。

(6)电磁性能检测:主要是电阻率、磁化率、霍尔系数、磁阻等的测定。

(7)热学性能的检测:主要是热容、热导率、热膨胀系数、氧化度、热蠕变、耐热冲击等的测定。

(8)核辐射性能检测:主要是中子俘获截面积、核辐射损伤等的检测。

(9)化学反应性检测:主要是空气反应性和 CO_2 反应性的检测。

此外,还有根据产品不同要求的其他检测。

《炭素材料检测技术》活页式教材主要介绍了炭素检验员准备工作、炭素材料基础试验、煤沥青的测定、炭石墨材料物理性能的测定、炭石墨材料力学性能的测定、炭石墨材料电学性能的测定、炭石墨材料热学性能的测定、炭石墨材料新指标的测定 8 个项目,涵盖了炭素材料检测的内容及分类、炭素材料的分类及专用术语、炭素材料的取样方法和炭素材料各种性能测试方法及要求等。对接炭素检验员前沿岗位需求,以项目任务式开展教学,体现"学、做、说、练、评、拓"一体化教学。知识点辅以配套的微课视频、动画等 AR(增强现实)数字资源,易化重点,破解难点,使学生能更快地掌握炭素材料各项检测标准知识,拓展了学生学习通道,提升了教师的教学效率和学生的实践动手能力。在每项任务中拓展了相应的操作规程,拓宽了学生学习的广度。通过与内容结合的每课一句和思政元素的提炼,润物无声地将思政元素融入教学过程中,使教学过程更有温度。每个任务都有配套的评价要点,完善了过程考核,有利于提升学生的综合素养。

《炭素材料检测技术》活页式教材是炭素材料检测类首部教材,打破了炭素材料检测方面没有教材的窘迫局面,可作为高职高专炭材料工程技术专业学生的教学用书,也可作为相关炭素企业技术人员的培训教材。

本书由昆明冶金高等专科学校李瑛娟、宋群玲担任主编,云南源鑫炭素有限公司炭素检验员杨金山以及昆明冶金高等专科学校李明晓、谭艳霞、李国芳担任副主编。李瑛娟负责编写项目 1、3、5、7、8 及全书的策划和统稿;宋群玲和李明晓共同编写项目 2;杨金山负责编写项目 4,并结合企业实际,提供其他项目内容编写指导;谭艳霞和李国芳共同编写项目 6。

本书的编写得到了云南源鑫炭素有限公司、成都方大炭炭复合材料股份有限公司和辽宁向日葵教育科技有限公司的大力支持,在此表示衷心的感谢。

由于编者水平有限,书中难免有不足之处,恳请广大读者批评指正。

李瑛娟

2023 年 7 月

目　录

项目1　炭素检验员准备工作

任务1　学习工匠精神和进行安全教育

工单编号：	姓名：	班级：
面向专业：炭材料工程技术	学号：	学时：2学时

教学目标

1. 了解国家对高素质技术技能人才的重视与需要。

2. 以“检测是企业的质量守护神”为主题引出认真仔细、精益求精的工匠精神，结合案例分析具备劳动精神、劳模精神对做好炭素检验工作的重要性，使学生具备检测分析能力。

3. 掌握炭素检验员安全操作规程。

每课一句

质量是安全基础，安全为生产前提。

任务要点

质量检验是指借助某种手段或方法来测定产品的一个或多个质量特性，然后把测定的结果同规定的产品质量标准进行比较，从而对产品做出合格或不合格判断的活动。质量检验是质量管理不可或缺的一项工作，其具体工作包括度量、比较、判断、处理。它要求企业必须具备三个方面的条件：(1)足够数量的合乎要求的检验人员；(2)可靠而完善的检测手段；(3)明确而清楚的检验标准。

检验工作是把好产品质量关的关键。企业通过对生产过程中各个环节和各道工序的质量检验，保证不合格的原材料不投产，保证不合格的半成品不流入下道工序，保证不合格的产品不出厂。产品检验系统把质量检验信息及时报告和反馈给企业，为企业研究解决产品质量问题提供依据，从而不断改进和提高产品质量，提高企业的经济效益和社会效益。产品质量管理是基础手段。产品质量是一个企业科技和管理水平的综合反映，现代企业无不重视与强化质量管理。只有不断提高全员的质量意识，努力改变“重产量，轻质量；重生产，轻检验；重产品分级，忽视原料和生产过程中的半成品检验；重科研和产品开发，忽视检验与质量；重表观效应，忽视内质理化性能，总认为检验是对既定成果而言，是事后的”的思想观念，才能更好地提高产品质量。产品质量是提高经济效益的基础。产品质量做好了，企业的销售业绩不一定好；但产品质量做不好，企业肯定做不长久。对于企业来讲，所有的竞争因素都必须牢牢依附于产品，唯有产品，才是企业营销的基础与根本。在当今全球经济一体化、市场竞争日益激烈的环境下，企业通常会采取各种营销手段来增加销售额，以及通过合理安排生产活动来降低产品成本等方法来提高经济效益。这些方法是必需且有效的，除此之外，还可以通过提高产品和服务质量来提高企业的经济效益，从而促进企业持续、健康、快速地发展。

任务实施

1. 完成炭素检验员课程思政教育

树榜样：大国工匠，认真仔细，精益求精，敬业与创新。

工匠精神：爱岗敬业、执着专注、精益求精、一丝不苟、追求卓越、不断创新。

观看《焦点访谈》有关新时代工匠精神内容的微视频。

2. 说明课程要求

树立五个意识：规矩意识、质量意识、成本意识、规范意识、合作意识。

考核要求：以过程性考核为主，采用过程性考核+结果性考核+增值考核形式。（满分100分）

3. 完成安全教育

安全事故案例说明与分析。

解读炭素检验员岗位职责和安全操作规程。

说一说：说明炭素检测的重要性。

写一写：写出炭素检验员的安全操作规范。

纠错

纠一纠:教师对学生写的安全操作规范进行纠错点评。

评价

评一评:以过程性考核为主,关注学生个体增值,根据实际可增加评价主体,完善评价体系。

评价指标		评价主体		
一级指标	二级指标	学生自评	学生互评	教师评价
知识目标	掌握工匠精神的内涵			
	掌握炭素检测安全操作规程			
能力目标	能说出炭素检测的重要性			
	能写出炭素检测安全操作规程			
素质目标	具备团结协作的能力			
	具备安全意识			

思考与讨论

你认为工匠精神的关键词有哪些?

任务拓展

收集工匠精神和安全生产案例,并上传教学平台。

总结反思

课后阅读

炭素检验员岗位职责

1. 负责原材料、半成品、成品、改质沥青及其他物料的分析检测。

2. 在部门、班组长的组织下，开展好与本岗位有关的各项工作。

3. 认真学习并执行公司、部门及班组的各项规章制度，严格按照管理规定办事。

4. 熟悉本岗位全部设备及仪器的结构、性能及工作原理，并做好设备的维护保养工作，保持化验设备正常运行。

5. 保质保量地完成职责范围内公司原料、产品及其他物料的分析检测工作，仔细核对样品的类别、规格、来源等相关信息，对异常的分析数据进行核查，以验证数据的准确性和真实性。认真按规定填写各种记录。在工作中要坚持原则，严把数据质量关。

6. 妥善保管各种记录或单据，正确保存所有分析数据，不得私自删除和向无关人员提供任何数据或信息。

7. 坚守岗位，上班期间不得从事与本岗位无关的工作。严禁使用工作岗位的计算机从事非业务范围内的工作，不得随意修改、增减计算程序。

8. 对工作中出现的计量、设备、安全等问题，要及时汇报班组长，并做好记录；对严重违反规程或威胁人身安全的命令有权拒绝执行，并向有关领导汇报。

9. 有权制止无关人员或无本公司人员陪同的外来人员进入工作区域，有权制止非岗位人员接近或操作设备；禁止非部门员工翻阅原始数据和其他分析结果。

10. 完成外购石油焦，以及外购/自产煅后焦、改质沥青、生块、熟块、残极等的取样工作。在取样工作中遵守现场取样工作的相关管理制度，认真按规定填写取样、制样记录。

11. 各类固体废弃物按公司规定分类收集，投放到指定垃圾箱内，废弃的酸碱液体中和后（pH 值为 6~9）直接排放，废弃的甲苯、喹啉妥善收集和保管，定期交由安全环保科处理，并做好处置记录。

12. 休息室和工作场所按 5S（整理、整顿、清扫、清洁、素质）要求管理，员工在检测过程中和下班后都要打扫好工作场所的卫生，做到五净一齐——地面净、墙壁净、桌案净、门窗净、纸篓净、各类物品摆放整齐，下班离开前要断水、断电、关好门窗，做好“防火、防灾、防事故”工作。

13. 及时完成上级安排的其他工作。

任务2　炭素检测内容和8S管理

工单编号：	姓名：	班级：
面向专业：炭材料工程技术	学号：	学时：2学时

教学目标

1. 明确课程内容及考核要求，培养炭素检验员规则意识和善于学习的能力。
2. 掌握炭素材料术语分类和炭素材料分类及大类代号。
3. 能够说出8S操作要点。
4. 具备认真仔细、精益求精的工匠精神。

每课一句

留意多一点，问题少一点。

任务要点

检测分析是炭素材料生产过程中重要的一个环节，关系到炭素材料生产的质量监控，是尽早发现炭素生产过程中出现的问题、及时采取改进措施的重要依据。

炭素材料的检测分析，依测试对象可以分为原料分析检测、半成品检测和成品检测三种类型。

检测的内容：检测原料、半成品和成品的质量。

检测的目的：通过检测，控制原料进厂质量；指导和控制生产过程，以获得优质产品。

一、现场8S管理

8S就是整理（seiri）、整顿（seiton）、清扫（seiso）、清洁（setketsu）、素养（shtsuke）、安全（safety）、节约（save）、学习（study）八个项目，因其均以“s”开头，故简称8S。

1. 整理

把需要与不需要的人、事、物分开，再将不需要的人、事、物加以处理，这是改善生产现场环境的第一步。其要点是对生产现场的各种物品进行分类，区分什么是现场需要的，什么是现场不需要的；其次，对于现场不需要的物品，诸如用剩的材料、多余的半成品、切下的料头、切屑、垃圾、废品、多余的工具、报废的设备、工人的个人生活用品等，要坚决清理出生产现场，这项工作的重点在于坚决把现场不需要的东西清理掉。对于车间里各个工位或设备前后、通道左右、厂房上下、工具箱内外以及车间的各个死角，都要彻底搜寻和清理，使现场无不用之物。坚决做好这一步，是树立良好作风的开始。

整理的目的是:

(1)改善和增加作业面积;

(2)现场无杂物,行道通畅,提高工作效率;

(3)减少磕碰,保障安全,提高质量;

(4)消除管理上的混放、混料等差错事故;

(5)减少库存量,节约资金;

(6)改变作风,提高工作热情。

2. 整顿

把需要的人、事、物加以定量、定位。通过前一步整理,对生产现场需要留下的物品进行科学合理的布置和摆放,以便用最快的速度取得所需之物,在最有效的规章、制度约束下,以最简捷的流程完成作业。

整顿活动的要点是:

(1)物品摆放要有固定的地点和区域,以便于寻找,消除因混放而造成的差错。

(2)物品摆放地点要科学合理。例如,经常使用的物品应放得近些(如放在作业区内),偶尔使用或不常使用的物品则应放得远些(如集中放在车间某处)。

(3)物品摆放目视化,使定量装载的物品做到过目知数,摆放不同物品的区域采用不同的色彩和标志加以区分。

生产现场物品的合理摆放有利于提高工作效率和产品质量,保障生产安全。

3. 清扫

把工作场所打扫干净,设备异常时马上修理,使之恢复正常。生产现场会因在生产过程中产生灰尘、油污、铁屑、垃圾等而变脏。脏的现场会使设备精度降低,故障多发,影响产品质量,使安全事故防不胜防;脏的现场更会影响人们的工作情绪,让人不愿久留。因此,必须通过清扫来清除脏物,创建一个舒畅的工作环境。

清扫活动的要点是:

(1)对自己使用的物品,如设备、工具等,要自己清扫,而不要依赖他人,不增加专门的清扫工。

(2)对设备的清扫,要着眼于对设备的维护保养。清扫设备要同设备的点检结合起来,清扫即点检;清扫设备的同时要做设备的润滑工作,清扫也是保养。

(3)清扫也是为了改善。当清扫地面发现有飞屑和油水泄漏时,要查明原因,并采取措施加以改进。

4. 清洁

整理、整顿、清扫之后要认真维护,使现场保持最佳状态。清洁,是对前三项活动的坚持与深入,从而消除发生安全事故的隐患,创造一个良好的工作环境,使工作人员能愉快地工作。

清洁活动的要点是:

(1)车间环境不仅要整齐,而且要做到清洁,以保证工人身体健康,提高工作人员劳动热情;

(2)不仅物品要清洁,工作人员本身也要做到清洁,如工作服要清洁,仪表要整洁,及时理发、刮须、修指甲、洗澡等;

(3)工作人员不仅要做到形体上的清洁,还要做到精神上的"清洁",讲礼貌,尊重他人;

(4)要使环境不受污染,进一步消除混浊的空气、粉尘、噪声和污染源,消灭职业病。

5. 素养

素养即努力提高人员的综合素质,养成严格遵守规章制度的习惯和作风,这是8S活动的核心。没有人员素质的提高,各项活动就不能顺利开展,开展了也坚持不下去。所以,抓8S活动,要始终着眼于提高人员素质。

6. 安全

清除隐患,排除险情,预防事故的发生。目的是保障工作人员的人身安全,保证生产连续、安全、正常地进行,同时减少安全事故带来的经济损失。

7. 节约

节约就是对时间、空间、能源等方面合理利用,以发挥它们的最大效能,从而创造一个高效、物尽其用的工作场所。

实施时应该秉持三个观念:能用的东西尽可能利用;以自己就是主人的心态对待企业的资源;切勿随意丢弃,丢弃前要思考其剩余之使用价值。

节约是对整理工作的补充和指导,在我国,由于资源相对不足,更应该在企业中坚持勤俭节约的原则。

【8S管理看板】

8. 学习

深入学习各项专业技术知识,从实践和书本中获取知识,同时不断地向同事及上级主管学习,完善自我,提高自身综合素质,从而达到使企业得到持续改善、培养学习型组织的目的。

二、炭素材料术语分类规则

将炭素材料相关术语分为炭素材料原料术语、炭素制品术语、表观质量术语、化学分析和物理检测术语四部分。

(1)每部分术语的中文名按学科的相关概念排列,每个术语的中文名后附有与其概念相同的符合国际用法的英文名。

(2)每个术语的中文名都附有相应的定义性注释。当一个术语的中文名有两个不同的概念时,则用"(1)""(2)"分开。

(3)英文名首位字母大、小写均可时,一律小写;英文名除必须用复数者,一般用单数;英文名一般用美式拼法。

(4)规范名的主要异名放在定义之前,用楷体表示;"又称""全称""简称""俗称"可继续使用,"曾称"为不再继续使用的旧名。

【炭素材料术语】

(5)英文索引按英文字母顺序排列,中文索引按汉语拼音顺序排列。

三、炭素材料分类及大类

炭素材料一般按其用途、特点不同划分类别，每类又包括若干品种。

炭素材料分类及大类见表 1-1。

表 1-1　炭素材料分类及大类总表

序号	名称	代号	特点与用途
1	炭素材料原料	Y	各种炭素制品的生产原料，主要包括各种人造的和天然的碳质固体、有机烃类液体和气体以及炭素生产的返回料
2	冶金用石墨制品类	S	用于钢铁冶金和有色冶金的各种石墨质炭素制品
3	冶金用炭制品类	T	用于钢铁冶金和有色冶金的各种碳质炭素制品
4	冶金用炭糊类	TH	用于钢铁冶金和有色冶金的各种碳质炭糊产品
5	电工机械用炭素材料类	D	用于电工与机械行业的各种炭素制品
6	化工用炭素材料类	H	用于化工行业的各种炭素制品
7	特种石墨制品类	TS	用非传统工艺制取，具有特殊的微观组织和晶体结构，呈现某种特殊性能和用途的石墨质炭素材料。用于电子、军工、航空航天、生物医学等行业
8	特种炭制品类	TT	用非传统工艺制取，具有特殊的微观组织和晶体结构，呈现某种特殊性能和用途的碳质炭素材料。用于电子、军工、航空航天、生物医学等行业
9	炭纤维及其复合材料类	TX	以炭纤维（包括石墨纤维）为主要结构材料和功能材料的各种产品和复合材料
10	纳米炭材料类	N	至少有一维尺度为纳米级的各种炭素材料

除了炭素材料大类外，每种炭素材料都有相应的英文名词或英文缩写。例如碳纤维（carbon fiber）的英文缩写为 CF。

每一个炭素材料大类都有一个由 1~2 个汉语拼音字母组成的大类代号，它们是该炭素材料大类汉语名词第一个汉字汉语拼音声母的大写。例如石墨制品类的第一个汉字“石”的汉语拼音为“shi”，故其代号为“S”。当仅用第一个汉字汉语拼音的声母不能区别时，则采用汉语名词的第一个汉字和第二个汉字汉语拼音声母的大写，共同组成大类代号。如炭糊类，仅用第一个汉字汉语拼音的声母，其代号应为“T”，与炭制品类相同，故炭糊类代号增加了第二个汉字“糊”的汉语拼音“hu”的声母大写“H”，即炭糊类代号为“TH”。

每一类炭素材料所属的每一品种，都有一个由汉语拼音字母组成的类别代号。其组成规则为：第一个或第一、第二两个字母为大类代号，其后是该品种汉语名词最后一个词的第一个汉字汉语拼音声母的大写。当不能区别时，增加开头第一词第一个汉字汉语拼音声母的大写，仍然不能区别时，增加第二个词第一个汉语拼音声母的大写，以此类推。例如，石墨块代号为“SK”;高功率石墨电极代号为“SDG”;煅烧针状焦代号为“YJDS”等。

任务实施

【炭素材料分类及大类】

1. 说明课程内容与要求

树立五个意识:规矩意识、质量意识、成本意识、规范意识、合作意识。

说明炭素材料术语分类。

说明炭素材料分类及大类。

说一说:说明炭素检测的主要内容、炭素材料术语、炭素材料分类及大类代号。

2. 现场 8S 管理要求

想一想:设计现场 8S 管理要求的口诀或宣传海报。

纠错

纠一纠:学生画出炭素材料术语或炭素材料分类及大类的思维导图,进行 8S 管理演示;教师纠错点评。

评价

评一评:以过程性考核为主,关注学生个体增值,根据实际可增加评价主体,完善评价体系。

评价指标		评价主体		
一级指标	二级指标	学生自评	学生互评	教师评价
知识目标	掌握炭素检测的主要内容			
	掌握炭素材料分类及大类代号			
	掌握 8S 管理的要点			

续表

评价指标		评价主体		
一级指标	二级指标	学生自评	学生互评	教师评价
能力目标	能说出炭素检测的主要内容、炭素材料分类及大类代号			
	能写出 8S 管理的操作要点			
	能够演示 8S 管理			
素质目标	具备能说会演的能力			
	具备团结协作的能力			
	具备创新意识			

思考与讨论

请写出石油焦、煅后焦、改质沥青、预焙阳极的代号。

任务拓展

归纳总结炭素检测内容和现场 8S 管理的思维导图,并上传教学平台。

总结反思

课后阅读

电子天平操作规程

1. 规格/型号:XS204。

2. 用途:用于样品的称量。

3. 主要技术指标

可读性	0.1 mg	最大称量值	220 g
重复性	0.1 mg	线性	±0.2 mg
秤盘尺寸	ϕ80 mm	防风罩有效高度	237 mm

4. 操作规程

(1)接通稳压电源,使电子天平处于预热状态 30 min。

(2)按下"ON"键或"I/O"键,屏幕显示"8888.8",随后显示零值,此时开机及自检结束,电子天平进入工作状态。

(3)将被称物放置在秤盘上,即显示被称物质量。若须去皿,则按一下"T"键即可。

(4)样品称完后,按"OFF"键关闭电子天平,然后切断电源。

(5)清洁电子天平。

5. 安全技术规程

(1)电子天平不允许放在以下环境条件下:温度过高或过低、易碰撞、剧烈振动、风吹、湿度较大。

(2)电子天平在初次接通电源或者长时间断电后,必须预热 30 min。

(3)电子天平在未放置称量物时产生的少量零点漂移,应按"TARE"键加以清除。如果偏零误差太大,超过可重复性,则必须对电子天平进行调校。

(4)在对电子天平进行调校之前,不应进行任何测量;在电子天平调校过程中严禁在秤盘上加载负荷。

(5)在将辅助仪器(打印机、计算机)与数据接口连接或者切断之前,电子天平必须断电。

(6)在对仪器进行清洗之前,应将仪器与工作电源断开。

(7)清洗电子天平时不要使用强力清洗剂(溶剂类等),不要让液体渗到仪器内部。

6. 维护与保养

(1)电子天平室应干净、整洁、无风吹和强气流,避免天平碰撞和剧烈振动;天平室湿度不应过大,温度为 5~40 ℃。

(2)在电子天平工作地点调整地脚螺栓高度使水平仪内空气泡正好位于圆环的中央,保持长期水平。

(3)电子天平应有良好的稳流电源。

(4)电子天平在初次接通电源或者长时间断电之后,须预热 30 min,并应进行内部校正。

(5)调校电子天平时,不允许在秤盘上加载。

(6)使用电子天平时必须小心细致,开关门窗动作轻柔,用力均匀。

(7)试件剩余物/粉末,必须小心用刷子或手持吸尘器去除。

(8)定期更换干燥剂及清理、清洗电子天平,保持仪器最佳工作状态。

(9)电子天平使用完应关闭电源,并盖好保护罩。

(10)定期进行电子天平的检定、校准。

任务3　炭素材料的取样和制样

工单编号:	姓名:	班级:
面向专业:炭材料工程技术	学号:	学时:2学时

教学目标

1. 掌握炭素材料的取样方法和制样要求。
2. 能够进行炭素材料的取样和制样操作。
3. 具备安全责任意识、能说会做善评的动手操作能力和精益求精的工匠精神。

每课一句

细心、精心、用心,检测做好才保质量称心。

任务要点

一、石墨电极及接头的取样

1. 石墨电极简介

石墨电极主要以石油焦、针状焦为原料,煤沥青作黏结剂,经煅烧、配料、混捏、压型、焙烧、石墨化、机械加工而制成,是在电弧炉中以电弧形式释放电能对炉料进行加热熔化的导体。

石墨电极及接头包括普通功率石墨电极、抗氧化涂层石墨电极、高功率石墨电极、超高功率石墨电极四种。

(1)普通功率石墨电极

普通功率石墨电极是指允许使用电流密度低于17 A/cm^2 的石墨电极,主要用于炼钢、炼硅、炼黄磷等的普通功率电弧炉。

(2)抗氧化涂层石墨电极

抗氧化涂层石墨电极是指表面涂覆一层抗氧化保护层(石墨电极抗氧化剂)的石墨电极。这种电极的表面形成了既能导电又耐高温氧化的保护层,降低电弧炉炼钢时的电极消耗(19%~50%),延长电极的使用寿命(22%~60%),降低电极的电能消耗。

(3)高功率石墨电极

高功率石墨电极是指允许使用电流密度为18~25 A/cm^2 的石墨电极,主要用于高功率炼钢电弧炉。

(4)超高功率石墨电极

超高功率石墨电极是指允许使用电流密度大于25 A/cm^2 的石墨电极,主要用于超高功率炼钢电弧炉。

2. 石墨电极取样方法

(1)取样批量

若每炉石墨化产品产量大于或等于 30 t，则取样电极数量不少于 4 根；若产量在 30 t 以下，则取样电极数量不少于 3 根。

【自动取样机】

【注】 在石墨化炉内不同部位（炉头、炉尾、炉中）均匀取样。

(2)取样工具

内径 65 mm、长 250 mm 的空心钻头，或能保证试样要求的其他工具。

(3)取样位置及方法

直径 550 mm 及以上的电极，用空心钻头在每根取样电极两端头的端面中心处，分别垂直钻取一个长度不小于 220 mm 的圆柱体。

直径 300~500 mm 的电极，用空心钻头在每根取样电极两端头的端面中心处，分别垂直钻取一个长度不小于 190 mm 的圆柱体。

直径 150~300 mm 以下的电极，用空心钻头在每根取样电极两端头的端面中心处，分别垂直钻取一个长度不小于 150 mm 的圆柱体。

直径 150 mm 以下的电极，在每根取样电极的两端分别截取长度不小于 150 mm 的圆柱体。

【注】 如果电极加工机床仍为单体加工机床，取样位置可以在取样电极一端头的端面中心处钻取，数量不少于 6 根，但要上下端头（指焙烧时）各占一半。

将钻取的圆柱体沿纵向中心线锯开（一分为二），将其中一半加工成用于测量体积密度、弹性模量、抗折强度及电阻率的试样，另一半加工成测量热膨胀系数（CTE）及抗氧化的试样。

(4)试样尺寸及精度

直径 550 mm 及其以上的电极，加工成尺寸为 $\phi(30\pm0.1)$ mm×(20 ± 0.1) mm 的试样 6 个，用于测量抗折强度；另外加工 $\phi(20\pm0.1)$ mm×(160 ± 0.1) mm 试样 6 个，用于测量体积密度、弹性模量和电阻率。

直径 300~500 mm 的电极，其试样加工后的尺寸为 $\phi(20\pm0.1)$ mm×(160 ± 0.1) mm，不少于 6 个。

直径小于 300 mm 的电极，其试样加工后的尺寸为 $\phi(10\pm0.1)$ mm×(120 ± 0.1) mm，不少于 6 个。

每批产品加工成 $\phi[(10\pm0.1)\sim(25\pm0.1)]$ mm×(50 ± 0.1) mm 的试样不少于 2 个，用于测量热膨胀系数。

试样的平行度不大于 0.1 mm/100 mm，粗糙度 *Ra*3.2 μm，试样外观无可见裂纹或瑕疵。

平行度是指两平面或者两直线平行的程度，即一平面（边）相对于另一平面（边）平行的误差最大允许值。

粗糙度是指零件在机械加工后被加工面的微观不平度，也叫光洁度，以 Ra、Rz、Ry 三种代号加数字来表示，机械图纸中都会有相应的表面质量要求。一般工件表面粗糙度 $Ra<0.8\ \mu m$ 的表面称作镜面。

二、预焙阳极的取样

1. 单块预焙阳极的取样步骤

使用合适的、刀口镀有金刚石或其他超硬材料的空心钻或者锯床，根据要求获取试样。

2. 样品的数量及试样的尺寸

(1) 对于仲裁检测，一个组批的预焙阳极炭块只抽取一个炭块，并在该炭块上只取一个试样，再按照所要检测项目的数量确定从该试样上取试料的数量。

(2) 根据所检测项目对应的检测方法，确保从预焙阳极炭块上所取的试样具有合适的尺寸。

【注】 如果没有合适的检测方法作参照，可按照下面的原则确定试样尺寸：

①优先采用圆形横断面的试样，推荐的试样直径为 50 mm。

②试样的尺寸，要至少为干骨料中最大颗粒尺寸的 3 倍。

③对于圆形横断面的试样，要求其长度至少为其直径的 1.5 倍；对于正方形横截面的试样，要求其长度至少为其对角线长度的 1.5 倍。

试样从预焙阳极炭块上取下时可能已经有了合适的尺寸，如果尺寸不合适，则该尺寸应当能够允许在 0.1 mm 的公差内用空心钻、锯或车床，将该试样制备成横断面是平行四边形的试料。在取样报告中要注明取样点的位置和所取试样的尺寸。

【预焙阳极的取样】

3. 取样点的位置

图 1-1 中大体上标明了不同尺寸、形状的预焙阳极炭块上取样点的位置和取样方向。

供需双方也可协商确定取样的位置和方向。取样过程不应造成或尽可能不造成预焙阳极炭块的污染或损坏。

三、石墨阳极的取样

1. 石墨阳极简介

石墨阳极指在电解工业中用作电解槽阳极的石墨板、块或棒材。石墨阳极可用于土壤、流动海水和海泥，实际上它们是不会遭受氯破坏的。

阴极保护用石墨阳极，即在外加电流的阴极保护系统中，对作为阴极的金属构件进行长期防腐蚀保护的石墨阳极。

石墨阳极通常用封闭剂浸渍，以防止由孔洞中析气引起的机械损伤。

石墨阳极具有以下优点：

(1) 化学性质稳定，与周围介质中的酸、碱、盐等一般不发生反应。这也是其损耗低、使用寿命长的重要原因之一。

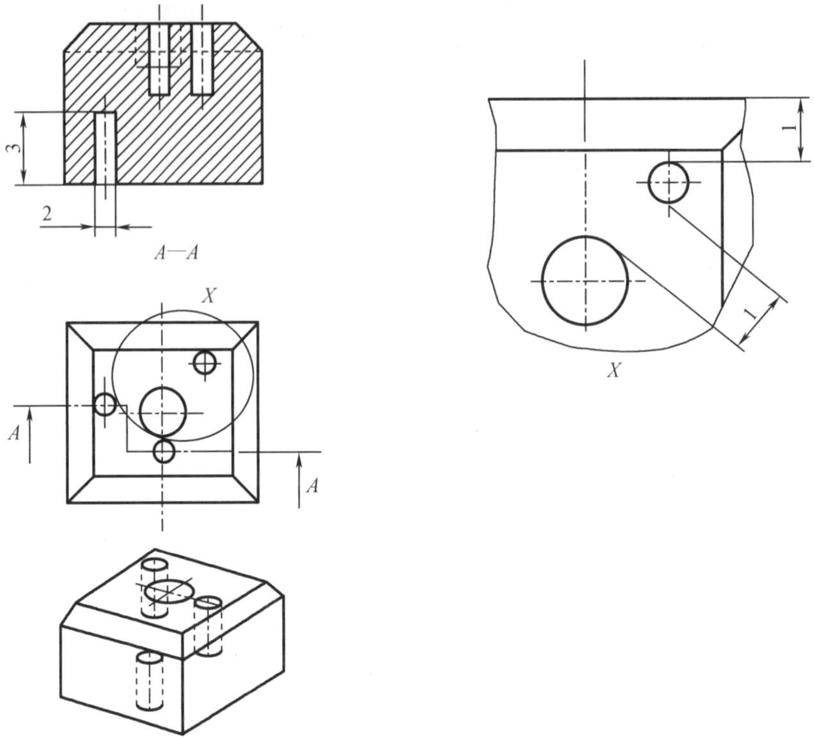

(a)一个炭碗的预焙阳极

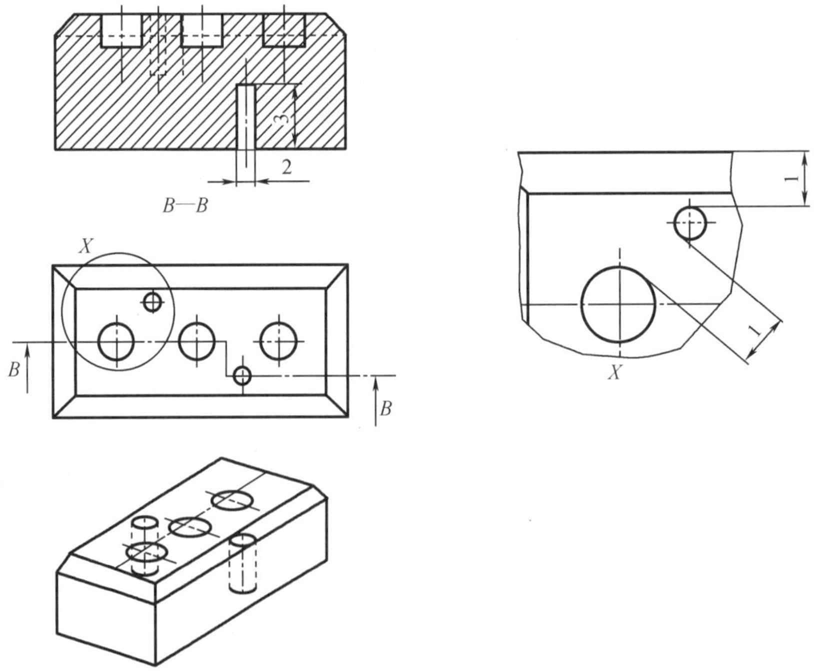

(b)三个炭碗的预焙阳极

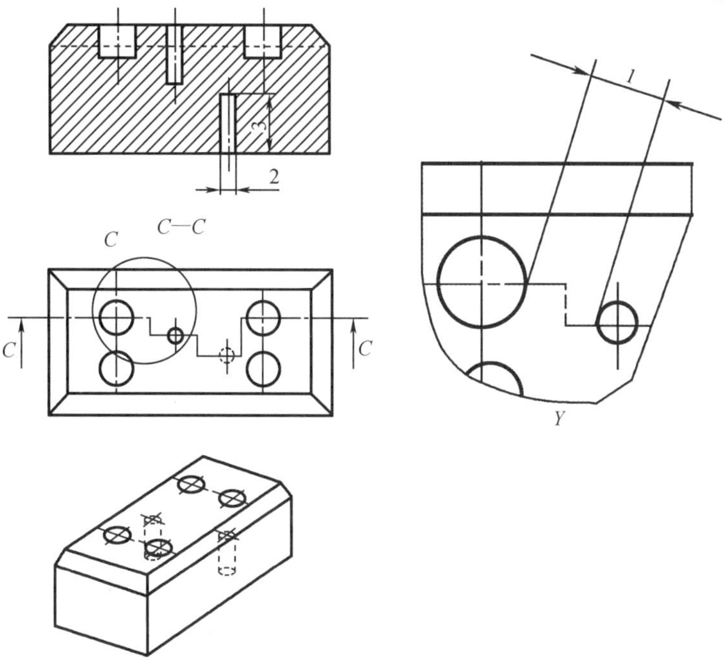

1—最小为 150 mm;2—直径为 50 mm(或 30 mm);3—长度为 250 mm 或 260 mm。

图 1-1　不同尺寸和形状的预焙阳极炭块上取样点的位置和取样方向示意图

(2)具有良好的导电性,能保证阳极与周围介质间电流分布均匀,有利于节电。

(3)能承受较大的电流,因而较小的地床即可保护较长的地下管线和较大的地下构筑物。

(4)深埋地下的石墨阳极与回填土壤之间不会形成高电阻膜,因而地床的电流量能保持稳定。

(5)易于切削加工,并具有足够的机械强度,允许在回填时用力捣实周围回填物。

(6)质量小,现场搬运方便,安装时用工少。

2. 石墨阳极取样方法

(1)取样批量

以装入同一个石墨化炉的产品为一批,每批的取样量不得少于装入块数的千分之一,但同时每批不得少于 10 个试样。

【注】 在石墨化炉内不同部位(炉头、炉尾、炉中)均匀取样。

(2)取样工具

内径 60 mm、长 150 mm 的空心钻头或锯。

(3)取样位置及方法

①截面厚度小于 75 mm 或者直径小于或等于 100 mm 的阳极,用锯先将取样阳极的端部截去长度不小于 60 mm,然后再截取一段长 125 mm 的阳极用于取样。

②截面面积 400 mm×115 mm 的阳极,用空心钻头在取样产品端部中心处,垂直于制品表面,钻取长 125 mm 的圆柱体。

(4)试样的尺寸及精度

①阳极直径或者截面厚度大于或等于 50 mm 的产品,加工成尺寸为(40±0.1)mm×(40±0.1)mm×(40±0.1)mm 或 ϕ(45±0.1)mm×(40±0.1)mm 试样 4~6 个,标明加压面,加压方向要与挤压方向平行;另外加工成尺寸为 ϕ(10±0.1)mm×(120±0.1)mm 试样 4~6 个,用于测量抗折强度。

②直径或截面厚度小于 50 mm 的阳极,加工成尺寸为(30±0.1)mm×(30±0.1)mm×(30±0.1)mm 或 ϕ(35±0.1)mm×(30±0.1)mm 试样 4~6 个,标明加压面,加压方向要与挤压方向平行;另外加工成尺寸为 ϕ(10±0.1)mm×(120±0.1)mm 试样 4~6 个,用于测量抗折强度。

③试样外观:棱角完整,无可见裂纹或瑕疵,表面粗糙度 Ra3.2 μm。

四、石墨块的取样

1. 石墨块简介

石墨块是以石油焦、沥青焦为骨料和粉料,以煤沥青为黏结剂,经过成型、焙烧、石墨化和机械加工等工序制成的低灰分、石墨质导电材料。

石墨块主要用于三个方面:

(1)因其优良的导电性能作为导电材料使用,如镁电解槽的阳极、石墨化炉的导电电极和端墙。

(2)因其优良的导热和耐腐蚀性能作为耐火材料使用,如炼铁高炉的炉底砌体。

(3)以石墨块为基体,机械加工后用合成树脂或其他液体浸渍剂浸渍及固化后制作化工设备,如块式石墨热交换器。

2. 石墨块取样方法

(1)取样批量

每炉产品产量大于或等于 30 t,取样量不少于 4 块,30 t 以下取样量不少于 3 块。

【注】 在石墨化炉内不同部位(炉头、炉尾、炉中)均匀取样。

(2)取样工具

内径 60 mm、长 150 mm 的空心钻头。

(3)取样位置及方法

用空心钻头在每个石墨块的两个端面中心位置分别垂直钻取长度不小于 120 mm 的圆柱体,从外端截去 60 mm,剩余的部分用于制样。

(4)试样的尺寸及精度

将圆柱体加工成尺寸为(40±0.1)mm×(40±0.1)mm×(40±0.1)mm 或 ϕ(45±0.1)mm×(40±0.1)mm 的试样。

(5)试样外观

棱角完整,无可见裂纹或瑕疵。

五、铝电解槽用阴极炭块的取样

1. 铝电解槽用阴极炭块简介

阴极炭块是以优质无烟煤、焦炭、石墨等为原料制成的炭块，主要用于铝电解槽的阴极。它砌筑在电解槽底部，亦称底部炭块。

铝电解槽生产要求阴极炭块具有耐高温，耐熔盐侵蚀，导电、导热性能良好，机械强度高，抗热震性好和抗钠侵蚀性强等特性，这有利于铝电解生产节能和提高槽寿命。

2. 铝电解槽用阴极炭块取样方法

(1) 截面面积为 400 mm×400 mm 及以上的阴极炭块。

①取样批量

以每台焙烧炉每生产出 30~60 t 产品为一批，每批取样量不少于 3 块，在每块上钻取 4 个圆柱体（每批不少于 12 个圆柱体）。

②取样工具

内径 60 mm、长 150 mm 的空心钻头。

③取样位置及方法

用空心钻头，在炭块表面沿纵向中心线，从距一端 250 mm 以上、距另一端 50 mm 以上处或从两个端面分别垂直钻取长度不小于 140 mm 圆柱体各 2 个。

④试样尺寸及精度

取 3 个圆柱体（每块炭块中的一个圆柱体），每个圆柱体加工成 2 个试样，加工后的试样尺寸为 (40 ± 0.1) mm×(40 ± 0.1) mm×(40 ± 0.1) mm 或 $\phi(45\pm0.1)$ mm×(40 ± 0.1) mm，每批不少于 6 个试样，标明加压面，使加压方向平行于挤压方向。

【注】 对于振动成型产品，加压方向与振动方向垂直。

将剩余的 9 个圆柱体加工成 $\phi(35\pm0.1)$ mm×(120 ± 0.1) mm 的试样，每批不少于 8 个试样，用于测量破损系数。

⑤试样外观

棱角完整，无可见裂纹或瑕疵。

(2) 截面面积为 400 mm×115 mm 及以上的阴极炭块。

①取样批量

每月每台焙烧炉每生产出 20~50 t 为一批，每批取样量为 4~6 块。

②取样工具

内径 60 mm、长 150 mm 的空心钻头。

③取样位置及方法

用空心钻头，在大表面上，距端部 60 mm 以上，垂直钻取长度与厚度相等的圆柱体，标明加压面，使加压方向与挤压方向平行。

【注】 对于振动成型产品，加压方向与振动方向垂直。

④试样尺寸及精度

将圆柱体加工成 (40 ± 0.1) mm×(40 ± 0.1) mm×(40 ± 0.1) mm 或 $\phi(45\pm0.1)$ mm×(40±

0.1)mm的试样,每批不少于6个试样,标明加压面。

⑤试样外观

棱角完整,无可见裂纹或瑕疵。

六、高炉炭块、电炉炭块、焙烧电极和炭阳极的取样

1. 高炉炭块、电炉炭块、焙烧电极和炭阳极简介

高炉炭块:供砌筑炼铁高炉的炉底、炉缸、炉身用的一种炭块。由于炭块对铁水及熔渣的耐腐蚀性好,耐高温及高温强度大,因此大大延长了高炉内衬的使用寿命。

电炉炭块:供砌筑电石炉、铁合金炉、石墨化炉等高温工业炉衬用的一种炭块。炭块有良好的耐腐蚀性及耐热性。

焙烧电极:焙烧是炭和石墨制品生产工艺过程中的热处理工序之一,是指将成型生制品装入焙烧炉内,在隔绝空气的条件下,按一定的升温速度,使生块中的沥青碳化变成焦炭并与碳质颗粒连接成具有一定机械强度和理化性能的整体的热处理过程。焙烧电极是经过焙烧处理的炭石墨制品。

炭阳极:以石油焦、沥青焦为骨料,以煤沥青为黏结剂生产的炭块,用作预焙铝电解槽的阳极材料。

2. 高炉炭块、电炉炭块、焙烧电极和炭阳极取样方法

(1)取样批量

每月每台焙烧炉每生产20~50 t为一批,每批取样量不少于3块(根)。

(2)取样工具

内径60 mm、长150 mm的空心钻头。

(3)取样位置及方法

用空心钻头在每块(根)取样制品两端端面中心处,或距两端50~60 mm处,分别垂直钻取长度不小于120 mm的圆柱体各一个。

(4)试样的尺寸及精度

将圆柱体加工成(40±0.1)mm×(40±0.1)mm×(40±0.1)mm或ϕ(45±0.1)mm×(40±0.1)mm的试样,每批不少于6个试样,标明加压面,使加压方向与挤压方向平行。

(5)试样外观

棱角完整,无可见裂纹或瑕疵。

七、自焙炭块的取样

1. 自焙炭块简介

自焙炭块是一种新型炭质炉衬材料,除具有传统焙烧炭块的耐高温、高温强度大、不易粘渣铁、耐侵蚀等特性外,还能够利用烘炉和高炉生产过程的热量逐步焙烧成坚实、致密近于无缝的整体炉衬。

2. 自焙炭块取样方法

(1)取样批量

每振动成型生产 10~25 t 为一批,每批取样量不少于 4 块。

(2)取样工具

内径 60 mm、长 150 mm 的空心钻头或金刚石锯。

(3)取样位置及方法

①用空心钻头沿制品振动成型上压面的纵向,分上、中、下三段钻取长度不小于 110 mm 的圆柱体。

②沿制品振动成型上压面的纵向,分上、中、下三段,制取(90±20)mm×(90±20)mm×(90±20)mm 的样坯,标明受压方向。

振动成型法是指利用振动作用使泥料制成坯体的成型方法。

振动成型法的原理是物料在频率很高(一般为 3 000~12 000 次/min)的振动作用下,质点相互撞击,动摩擦代替质点间的静摩擦,物料变成具有流动性的颗粒,在自重和外力作用下逐渐堆积密实形成致密的粉体。

(4)试样尺寸及精度

①将圆柱体加工成 ϕ(45±0. 1)mm×(40±0. 1)mm 的试样,每批不得少于 12 块,标明加压方向,使加压方向与成型受压方向平行。

②把样坯用车床加工成(70±0. 1)mm×(70±0. 1)mm×(70±0. 1)mm 试样,每批不得少于 12 块,标明加压方向,使加压方向与成型受压方向平行。

(5)试样外观

棱角完整,无可见裂纹或瑕疵。

八、炭电阻棒的取样

1. 炭电阻棒简介

炭电阻棒,即炭素格子砖,是一种用于竖式电炉的碳质电阻材料。炭电阻棒既是加热熔体氯化镁的电阻体,又可支撑其上部的氯化炉料,并对通过格子间隙的氯气起分配作用。

2. 炭电阻棒取样方法

(1)取样批量

每一个焙烧炉室为一批,每批取样量为 10 根(焙烧室的上、下层各 5 根)。

(2)取样工具

锯或机床。

(3)取样位置及方法

在距产品上、下端各 50~60 mm 处分别截取长 100 mm 的圆柱体。

(4)试样的尺寸及精度

将圆柱体加工成(40±0. 1)mm×(40±0. 1)mm×(40±0. 1)mm 或 ϕ(45±0. 1)mm×(40±0. 1)mm 的试样,每批不少于 20 个,标明加压方向。

(5)试样外观

棱角完整,无可见裂纹或瑕疵。

九、高纯石墨制品的取样

1. 高纯石墨制品简介

高纯石墨制品的含碳量大于99.99%,广泛用于冶金工业的高级耐火材料与涂料、军事工业火工材料安定剂、轻工业的铅笔芯、电气工业的碳刷、电池工业的电极、化肥工业催化剂与添加剂等。

2. 高纯石墨制品取样方法

(1)取样批量

产品大于或等于 30 t,取样量为 4 块;产品在 30 t 以下,取样量为 3 块。

(2)取样工具

内径 60 mm、长 150 mm 的空心钻头或锯。

(3)取样位置及方法

在每块样品的端面中心处垂直钻取长度为 120 mm 的圆柱体 1 个。对于石墨管或石墨棒,可在每根样品一端截取长 120 mm 作为试样。

(4)试样尺寸及精度

将圆柱体加工成(40±0.1)mm×(40±0.1)mm×(40±0.1)mm 或 ϕ(45±0.1)mm×(40±0.1)mm 的试样。

(5)试样外观

棱角完整,无可见裂纹或瑕疵。

十、底部炭块的取样

本部分规定了底部炭块交货时的抽样及从单个底部炭块上取样的方法。取样工具以带金刚石或其他超硬材料刀口的空心钻为宜。

1. 取样步骤

按给出的要求,用空心钻或锯在底部炭块上取样,取样位置如图 1-2 和图 1-3 所示。在确定取样位置时,带燕尾槽的底部炭块和不带燕尾槽的底部炭块要区别对待。

依据要求,在供需双方认可的位置取样,供需双方也可按协商确定的其他方法取样。

2. 不带燕尾槽底部炭块的取样

在不带燕尾槽的底部炭块上取样时,为了保证取样后的底部炭块还可以继续使用,取样位置会受到很大限制。取样位置应是底部炭块要加工燕尾槽的部位,这样取样既不会削弱底部炭块,也不会增加过早破损的可能性。垂直取样时,一定要倍加小心,以免破坏炭块。不带燕尾槽底部炭块取样位置如图 1-2 所示。

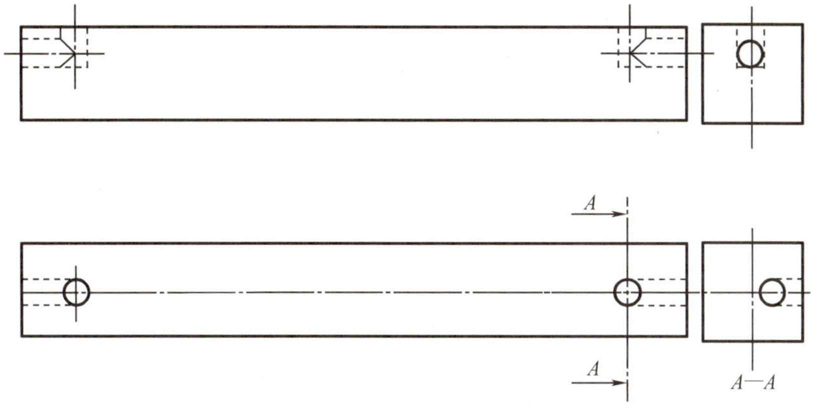

图 1-2　不带燕尾槽底部炭块的取样位置示意图

平行取样时的取样位置：取样的中心离底部炭块表面的距离最少为 60 mm，左右处于块的中间。

垂直取样时的取样位置：取样的中心离底部炭块侧面的距离最少为 60 mm，左右处于块的中间。

3. 带燕尾槽底部炭块的取样

交付的货物中可能会有一定比例的底部炭块的长度超过了使用要求，这部分长度称为额外长度，如图 1-3 所示。供需双方应当协商确定产品中具有额外长度的底部炭块的比例，并在合同中注明。

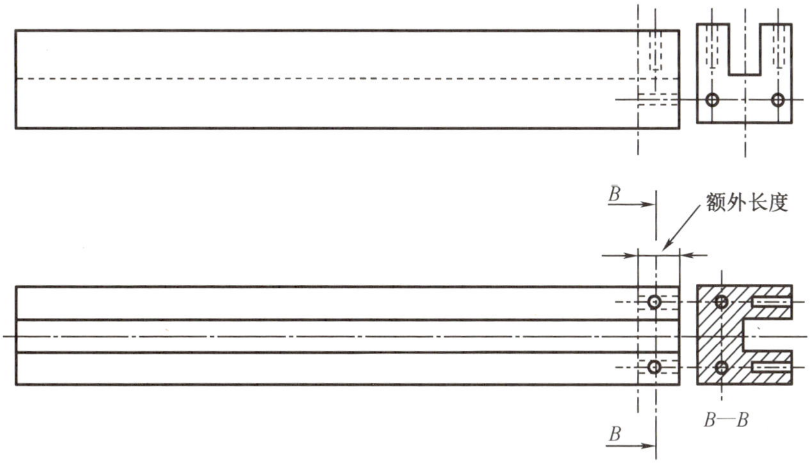

图 1-3　带燕尾槽底部炭块的取样位置示意图

【注】　应当在底部炭块的额外长度部分取样，因为这部分长度最终会被加工切除。

当从具有额外长度的底部炭块上取样时，试样应平行或垂直钻取，此时取样位置可以是底部炭块整个横断面的任意部分。

当从没有额外长度的底部炭块上取样时，试样应平行或垂直钻取，但是此时取样位置的选取要非常严格：

取样时不应损伤、污染或损坏该底部炭块。当垂直钻取取样时，更应格外小心。

在取样报告中应注明具有额外长度炭块的额外长度是否可用于取样。

带燕尾槽底部炭块的取样位置如图 1-3 所示。

4. 取样数量及试样尺寸

(1)从一批底部炭块中随机抽取一块，从该炭块上取一个试样，再按照所要检测项目的数量确定从该试样上取试料的数量。

(2)试样尺寸应当根据所检测项目的要求确定。但试样的最小尺寸(通常是直径)至少是干骨料最大颗粒尺寸的 3 倍。

根据所检测项目对应的检测方法，确保从底部炭块上所取的试样具有合适的尺寸。如果对应的检测方法中未详细说明试料的尺寸，建议试料的最小直径为 50 mm，长度应至少是其直径的 1.5 倍。

试样的横断面应尽可能为圆形。如果需要从该试样制备横断面是平行四边形的试料，则试样的直径要能够满足此要求。在取样报告中应注明试样的尺寸。

十一、侧部炭块的取样

取样工具以带金刚石或其他超硬材料刀口的空心钻为宜。

1. 单个侧部炭块上的取样方法

从单个侧部炭块上取样应当遵循一般取样原则及取样要求。

侧部炭块在完成取样后通常已经失去其原始用途，如果不具有其他用途，则取样计划中应标明该侧部炭块做报废处理。

取样位置应考虑不同侧部炭块的尺寸大小和形状。

供需双方应当在取样计划中就有关取样位置达成一致。

不论实际情况如何，取样都应平行或垂直于侧部炭块的主轴，生产商或供方应当明确了解通过挤压和振动成型的侧部炭块的颗粒具有各向异性，并依此建议应在平行或垂直于颗粒各向异性的方向取样。

供方应向用户说明炭块中颗粒的各向异性及其大致位置，同时需方应当要求供方提供有关颗粒各向异性的情况。

如果不清楚有关颗粒各向异性的情况，就应该在 X、Y、Z 三个方向上各取一块试样。

应当用草图标明取样的位置和方向，并列入取样报告中。

2. 取样量及试样尺寸

(1)从一批侧部炭块中随机抽取一块，从该炭块上取一个试样，再按照所要检测项目的数量确定从该试样上取试料的数量。

(2)试样尺寸应当根据所检测项目的要求确定，但试样的最小尺寸(通常是直径)至少是干骨料最大颗粒尺寸的 3 倍。

根据所检测项目对应的检测方法，确保从侧部炭块上所取的试样具有合适的尺寸。

试样从侧部炭块上取下时可能已经有了合适的尺寸，如果尺寸不合适，则该尺寸应当能够允许从该试样制备横断面是平行四边形的试料。从侧部炭块上所取的试样加工后，其横断面应是圆形。在取样报告中应注明试样的尺寸。

试料的尺寸一般在相应的检测方法中给出,如果对应的检测方法中未规定试料的尺寸,则试料的最小直径为 50 mm,长度应至少是其直径的 1.5 倍。

3. 取样步骤

如果能够确定颗粒的各向异性情况,则在平行或垂直于颗粒各向异性方向的合适位置上用空心钻头或带锯机取样。

十二、炭糊(电极糊、阳极糊、粗缝糊)的取样制样

1. 电极糊、阳极糊、粗缝糊简介

电极糊是供铁合金炉、电石炉等电炉设备使用的导电材料。其耐高温,同时热膨胀系数小;具有较小的电阻系数,可以降低电能的损失;具有较小的气孔率,可以使加热状态的电极氧化缓慢;有较高的机械强度,不致因机械与电气负荷的影响折断电极。

阳极糊是以石油焦、沥青焦为骨料,以煤沥青为黏结剂制成的炭素糊料。其用于连续自焙铝电解槽的阳极材料,因黏结剂的含量高(超过 24%),在电解槽上部被烧结以前呈糊状,故称阳极糊。

粗缝糊用于供给砌筑高炉炭块时填塞炭块之间较宽的缝隙。

生产粗缝糊使用的原料是无烟煤和冶金焦,其生产工艺与电极糊相同,但配方不同,并且其黏结剂使用的是中温沥青与煤焦油或蒽油的混合物,其目的是适当降低黏结剂的软化点。

2. 检验挥发分、灰分指标的试样取样制样方法

(1)取样批量

每个班生产的炭糊为一批。

(2)取样制样方法

每生产 2~4 锅炭糊为一批,均匀取出不少于 2 kg 作为子样,将本班内取出的子样集中在一起,破碎至 25 mm 以下,用四角对分法缩减至 1 kg,供化验室检验挥发分、灰分用。

3. 测定焙烧后性能的试样取样制样方法

(1)取样批量

每生产 300~500 t 同一种炭糊为一批。

(2)取样制样方法

从每 100 t 炭糊中均匀取出不少于 5 kg 作为子样,每批炭糊中的子样数量不得少于 3 个,将子样集中在一起,破碎至 25 mm 以下,用四角对分法缩减至 4 kg,供化验室检验焙烧后性能用。

4. 取样要求

上述各种炭素制品制取的试样,经机械加工或研磨后,如出现裂纹、孔洞等缺陷,其数量若不超过总样品量的三分之一,可以重新补制;若数量超过总样品量的三分之一,则需重新加倍取样。

当每批试样检验各项考核指标的平均值不符合标准规定时,采取二次加倍取样,如果

仍不符合规定，则需逐根取样。

十三、不同炭素材料的制样

【炭素材料的制样过程】

1. 石油焦

(1)将试样过筛制备出 8 mm 以下石油焦做全水测定。

(2)将石油焦于 110 ℃ 干燥 40 min 以上，制备出 0.15 mm 石油焦，做分析水、挥发分、灰分、硫分、固定碳的检测。

2. 煅后焦

(1)分析水(不烘干)、挥发分、灰分、硫分测定：制备出 0.15 mm 煅后焦试样。

(2)真密度、微量元素测定：制备出 0.063 mm 煅后焦试样。

(3)空气/CO_2 反应性测定：制备出 1~1.4 mm 煅后焦试样。

(4)体积密度测定：制备出 0.5~1 mm 煅后焦试样。

(5)颗粒稳定性测定：禁止预破碎试样，筛分制备出 4~8 mm 煅后焦试样。

3. 预焙阳极炭块

(1)体积密度、抗折强度、电阻率测定：机械加工制备出 ϕ50 mm×130 mm 的试样 1 个。

(2)抗压强度、热膨胀系数、杨氏模量测定：机加工制备出 ϕ50 mm×50 mm 的试样 3 个。

(3)空气/CO_2 反应性测定：制备出 ϕ50 mm×60 mm 的试样 2 个。

(4)热导率、空气渗透率测定：制备出 ϕ50 mm×20 mm 的试样 4 个。

(5)灰分、硫分测定：制备出 0.15 mm 的试样 1 瓶。

真密度测定：氦比重计法测定制备出 0.063 mm 粒度大小试样；如采用水煮法测定，则制备出 0.15 mm 粒度大小的试样。

4. 改质沥青

(1)全水测定：3 mm 以下试样。

(2)灰分、结焦值(550 ℃)、喹啉不溶物含量(QI)、甲苯不溶物含量(TI)、β 数值、润湿特性、黏度测定：样品干燥 2 h 后，制备出 0.5 mm(40 目)的试样。软化点测定对粒度没有严格要求，粒度适宜即可。

5. 残极

灰分、铁含量、分析水测定：制备出 0.15 mm 的试样。

6. 糊料

(1)灰分测定：制备出 0.15 mm 的试样。

(2)铁含量测定：制备出 0.063 mm 的试样。

7. 细焦

铁含量测定：制备出 0.063 mm 的试样。

【注】 因制样要求会随标准的改变和设备的不同而不同，不同企业会有所差异，可按各个企业具体要求进行操作。

任务实施

1. 说明不同炭素材料的取样方法。

说一说：石墨电极及接头、石墨阳极、石墨块、铝电解槽用阴极炭块、高炉炭块、电炉炭块、焙烧电极、炭阳极、自焙炭块、碳电阻棒、高纯石墨、底部炭块、侧部炭块、炭糊、预焙阳极的取样方法。

画一画：画出不同炭素材料取样示意图。

2. 不同炭素材料的制样要求。

做一做：选择一种炭素材料进行制样操作。

纠错

纠一纠：教师对学生炭素材料制样操作进行纠错点评。

评价

评一评：以过程性考核为主，关注学生个体增值，根据实际可增加评价主体，完善评价体系。

评价指标		评价主体		
一级指标	二级指标	学生自评	学生互评	教师评价
知识目标	掌握不同炭素材料的取样方法			
	掌握不同炭素材料的制样要点			
能力目标	能说出不同炭素材料的取样要求			
	能说出不同炭素材料的制样要点			
	能够演示炭素材料的制样过程			

续表

评价指标		评价主体		
一级指标	二级指标	学生自评	学生互评	教师评价
素质目标	具备能说会做善评的能力			
	具备团结协作的能力			

思考与讨论

请设计铝电解伸腿(异形试样)的取样方法和步骤。

任务拓展

归纳总结不同炭素材料的取样方法和制样要点思维导图,并上传教学平台。

总结反思

课后阅读

钻孔取芯机操作规程

1. 型号:HZ-20型。

2. 用途:用于钻孔与取芯。

3. 主要技术参数

(1)最大钻孔直径:200 mm。

(2)最大钻孔深度:700 mm。

(3)输出转数:800~1 200 r/min。

(4)功率:5.5马力、9马力、13马力(本田汽油机)。

(5)机重:120千克(5.5马力)、190千克(9马力)、200千克(13马力)。

4. 操作步骤

(1)使用前准备工作

①检查线路连接是否完好;

②准备好水源;

③检查各部位螺丝是否松动;

④安装钻头。

(2)开孔

以上工作做好后,即可进行开孔作业,把进水管放入水桶内,提高水桶,使水桶高于取样机,开始轻摇给进手柄,使钻头缓慢接触样面。

开孔要诀:先给水后钻进,给进速度要慢,钻压要小;严禁无水作业,以免烧毁钻头和水封。

(3)正常钻进

当开孔钻进2~3 mm深后,即可转为正常钻进,此时给进压力适当加大。正常钻进的要诀是:给进压力要适中,保持均匀,碰到硬物给进压力要减小。做到一听二看:听机器的声音是否正常,看孔口是否返(冒)水。

(4)终孔

到达所需深度后,即可停钻。停钻的要求是:先关机器后关水,若是深孔,还不能立即提钻和停水,而要用水冲孔一段时间,目的在于将孔内的粉料冲洗干净,以防粉料沉淀导致埋钻,造成取芯困难。

(5)试验完毕,清扫设备和工作场所。

5. 安全技术规程

(1)设备使用前必须检查线路、水源连接是否符合设备要求,有无短路、漏电、漏水等。

(2)当出现卡钻时,不允许采用强行启动机器的方法来排除,而应采用人工方法(如用加长扳手转动钻头)排除,之后方可重新启动机器。

(3)当岩芯卡在钻头内时,应立即停止钻进,及时清除。清除时,只允许用橡胶锤或软木棍轻轻敲击钻头钢体,反复敲击即可将岩芯清除。严禁用铁锤敲击钻头或岩芯,严禁用铁棍从钻头后部插入敲击岩芯,以免损坏薄壁钻头。

(4)严禁无水作业。

(5)钻孔过程中若出现设备故障,应立即停止操作,断电,并通知专职人员进行修理。不清楚故障情况,不得擅自处理。

(6)禁止任意拆卸设备,改装设备及线路。

6. 维护保养规程

(1)取芯完成后,要把适当部位擦净、晾干、涂油。

(2)要有专业人员负责使用保养,以保持机器的正常使用。

(3)机器长时间使用或多次使用后,应检查各部位螺栓是否有松动现象,以防影响正常使用。

项目2　炭素材料基础试验

任务1　炭素材料水分和灰分的测定

工单编号:	姓名:	班级:
面向专业:炭材料工程技术	学号:	学时:2学时

教学目标

1. 掌握炭素材料水分和灰分的测定和计算方法。
2. 能够进行炭素材料水分和灰分的测定操作。
3. 具备安全责任意识、能说会做善评的动手操作能力和精益求精的工匠精神。

每课一句

检测要可靠,统计分析才有效。

任务要点

一、石油焦水分的测定

将称取的石油焦试样放在烘箱内烘干至恒重,测定其质量损失。

1. 总水分的测定

称取石油焦最终试样250 g(精确至0.5 g)于预先称量过的钢盘上,将石油焦在钢盘中铺平,放在预先加热至105 ℃±5 ℃的烘箱内,并打开烘箱的自然通风孔。180 min后取出钢盘,在空气中冷却30 min并称量,然后进行干燥,每次干燥时间20 min,直到两次称量值之差小于0.5 g为止,取最后称量值用于计算。

总水分X_1按下式计算:

$$X_1=\frac{m-m_1}{m}\times 100\% \tag{2-1}$$

式中　m——干燥前试样的质量，g；

m_1——干燥后试样的质量，g。

2. 内含水测定

将准备好的试样仔细搅拌，从试样的不同部位分两次或三次取出约 2 g 石油焦试样，放在预先恒重过的称量瓶内，将称量瓶放入 110 ℃±5 ℃烘箱内干燥 2 h，取出后放在干燥器内冷却 30 min 并称量，然后进行干燥，每次 30 min，直至两次称量值之差小于 0.001 g 为止，取最后称量值用于计算（精确至 0.000 1 g）。

【注】　在烘箱内干燥时，应将盛有石油焦试样的称量瓶盖打开一半；而在干燥器内冷却及称量时，则应将其盖盖严。内含水的质量分数 X_2 按总水分的计算公式计算。

二、石油焦灰分的测定

将石油焦试样在 850 ℃高温炉内灰化煅烧至恒重，以测定石油焦的灰分。

1. 仪器和设备

（1）高温炉：能在 850 ℃±20 ℃下恒温。

（2）舟形瓷皿：长方形，上口长 55～60 mm，宽 25～30 mm；底长 45～50 mm，宽 20～22 mm，高 14～16 mm。

（3）干燥器。

（4）坩埚钳。

（5）小勺。

2. 测定步骤

（1）用小勺搅拌准备好的石油焦试样，从试样表面以下称取 2 g±0.01 g 石油焦，放入预先加热恒重过的瓷皿内。

（2）将盛有石油焦试样的瓷皿放在 850 ℃± 20 ℃高温炉的炉膛前边缘上，在 3 min 内逐渐将瓷皿移入高温炉完全灼热区域。关上炉门（炉门上的小孔应打开），煅烧 2 h。

【石油焦灰分的测定】

（3）取出瓷皿，放在空气中冷却 3 min，然后移入干燥器内，冷却 30～40 min 并称重。称重后再进行煅烧，每次 30 min，直至两次称量值之差小于 0.001 g 为止，取最后质量用于计算（精确至 0.000 2 g）。

3. 计算

石油焦灰分 X_3 按下式计算：

$$X_3=\frac{m_3}{m_2}\times 100\% \tag{2-2}$$

式中　m_2——石油焦试样的质量，g；

m_3——石油焦灰分残留物的质量,g。

三、煤沥青灰分的测定

称取一定质量的煤沥青试样,先用小火加热除掉大部分挥发物后,置于 815 ℃±10 ℃箱形高温炉中灰化至恒重,其残留物质量占煤沥青试样质量的百分数即为灰分。

1. 仪器和设备

(1)箱形高温炉:带有调温装置,能保持温度 900 ℃±10 ℃;附有热电偶和高温计,炉子后壁有插入热电偶的小孔,小孔的位置应使热电偶的热接触点在炉膛内与炉底保持 20~30 mm 间距。炉门有一通气孔,如图 2-1 所示。

(2)蒸发皿:容积 50 mL。

(3)干燥器:内装干燥剂。

(4)分析电子天平:感量 0.000 1 g。

2. 测定步骤

(1)称取小于 3 mm 的干燥煤沥青试样 3 g(称准至 0.000 2 g),放入预先灼烧至 900 ℃±10 ℃并恒重过的蒸发皿中。

(2)用小火慢慢加热灰化,至大部分挥发物挥发后,放在加热至 900 ℃±10 ℃打开的箱形高温炉炉门口。待挥发物完全挥发后再将试样慢慢推进炉中,灼烧 1 h,取出检查,应无黑色颗粒,在空气中冷却 5 min 后,置于干燥器内,冷却至室温,称重。然后进行恒重检查,每次 15 min,直至连续两次称量值之差在 0.000 6 g 以内为止,取最后一次称量值用于计算。

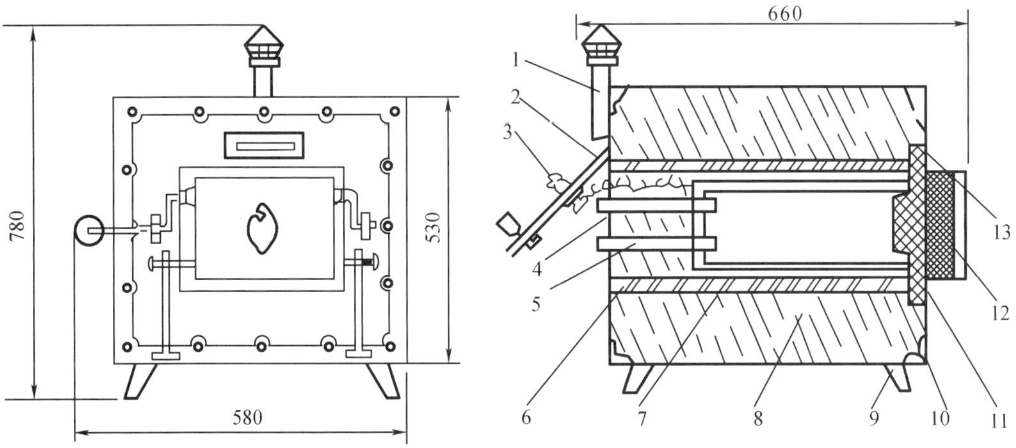

1—烟囱;2—炉后小门;3—接线挂;4—烟道瓷管;5—电偶瓷管;6—隔层套;7—炉芯;8—保温层;9—炉支脚;10—角钢骨架;11—铁炉壳;12—炉门;13—炉口。

图 2-1　箱形高温炉的结构

3. 计算

煤沥青灰分(A)按下式计算:

$$A=\frac{m_2-m_1}{m-m_1}\times 100\%$$

式中　A——空气干燥试样灰分,%;

m_1——蒸发皿质量,g;

m_2——灼烧后蒸发皿和残余物的质量,g;

m——蒸发皿和试样的质量,g。

4. 精密度

取两次测定结果的算术平均值作为试样的测定结果。

重复性 r 和再现性 R 均不超过 0.05%。

四、炭素制品灰分含量的测定

1. 方法原理

试样在 850 ℃±10 ℃下灼烧,以残余物(即灰分)的质量计算灰分的含量。

2. 仪器和设备

(1)瓷方舟:尺寸应不小于 60 mm×25 mm×16 mm。

(2)烘箱:温度控制在 110 ℃±5 ℃。

(3)干燥器:内装干燥剂。

(4)分析电子天平:感量 0.000 1 g。

(5)马弗炉:温度控制在 850 ℃±10 ℃。

3. 取样及制样

底部炭块、侧部炭块、预焙阳极、阴极糊分别按 YS/T 62.1、YS/T 62.2、YS/T 62.3、YS/T 62.4 的规定进行取样。对于底部炭块、预焙阳极、侧部炭块试样,取样后粉碎并研磨至可全部通过 0.2 mm 的标准筛网;对于阴极糊试样,取样后先破碎至 4 mm 以下,充分混合,用四分法缩分至约 60 g,再全部破碎至可通过 0.5 mm 标准筛网。

试样预先在 110 ℃±5 ℃烘箱中烘干至少 2 h,取出冷却,贮存在干燥器内备用。

4. 测定步骤

(1)称取试样

根据表 2-1 称取试样 m_0,精确至 0.000 1 g。

表 2-1　称取试样的质量

灰分含量(质量分数)/%	试样质量 m_0/g
0.10~1.00	3
>1.00~10.00	2
>10.00	1

(2)测定次数

平行地进行两次测定,取其平均值。

(3)测定

①将瓷方舟置于850 ℃±10 ℃的马弗炉中,灼烧1 h,取出,置于干燥器中,冷却30 min,称量,精确至0.000 1 g;重复灼烧,称量至恒重 m_1。

②将试样置于已恒重过的瓷方舟中,均匀铺开,称量,精确至0.000 1 g,再将其置于马弗炉中,将阴极糊试样在马弗炉炉口边缘预热3 min左右,然后移入马弗炉中央,温度控制在850 ℃±10 ℃,灼烧3 h,取出置于干燥器中,冷却30 min,称量,精确至0.000 1 g;重复灼烧至恒重 m_2。

【炭素制品灰分含量的测定】

5. 计算

按下式计算灰分的质量分数 $w_{灰}$:

$$w_{灰}=\frac{m_2-m_1}{m_0}\times 100\% \qquad (2-3)$$

式中　m_2——灼烧后瓷方舟及残余物的质量,g;

m_1——灼烧前瓷方舟的质量,g;

m_0——试样的质量,g。

任务实施

1. 说明石油焦水分的测定方法。
2. 说明石油焦、煤沥青、炭素制品灰分的测定方法。

做一做:对某一种炭素材料进行水分测定和灰分测定操作。

纠错

纠一纠:教师对学生水分和灰分测定操作进行纠错点评。

评价

评一评:以过程性考核为主,关注学生个体增值,根据实际可增加评价主体,完善评价体系。

评价指标		评价主体		
一级指标	二级指标	学生自评	学生互评	教师评价
知识目标	掌握炭素材料水分的测定方法			
	掌握炭素材料灰分的测定方法			
能力目标	能进行炭素材料水分的测定操作			
	能进行炭素材料灰分的测定操作			
	能进行数据处理			
素质目标	具备能说会做善评的能力			
	具备团结协作的能力			

思考与讨论

炭素材料水分和灰分含量对制品质量有什么影响?

任务拓展

归纳总结不同炭素材料灰分测定要点,并上传教学平台。

总结反思

课后阅读

电热鼓风干燥箱操作规程

1. 规格/型号:LC223。

2. 用途:用于样品或物品的干燥。

3. 主要技术指标

(1)最高温度:250 ℃。

(2)电源:AC 220 V,单相 50 Hz。

(3)温控器灵敏度:1 ℃。

(4)加热功率:2.1 kW。

(5)工作室尺寸:450 mm×820 mm×450 mm。

4. 操作规程

(1)通电前检查电气控制部分(开关旋钮,线路是否断、松、短路)

(2)将试件放于搁板上,关闭箱门,打开箱顶排气门,插入温度计,接通加热恒温鼓风开关,旋转温度调节旋钮,指示到要求温度,此时红灯亮,当温度达到指示温度时绿灯亮;控温仪指示温度如与监视的温度有差别,可微调控温仪使之与温度计温度一致,则控温仪在该温度时自动控温,这时可以断开加热开关,使一组加热器工作,维持箱内温度稳定。

(3)工作室底板不能放置试品。

5. 安全技术规程

(1)鼓风干燥箱箱体外壳应接地线。

(2)通电前检查线路连接是否符合要求,有无短路、漏电现象。

(3)凡易燃物、挥发物及化学试剂,严禁放入箱内烘烤。

(4)禁止在电热板上放置试品。

(5)不可任意卸下侧门,不可任意拆、改线路。

6. 维护、保养规程

(1)定期检查线路连接以及接地是否完好。

(2)箱门不宜常开,以免影响恒温。

(3)放置试品时,切勿过密与超载。

(4)发生故障时,立即通知维修人员进行处理。

(5)经常清扫箱体内外,保持干燥箱及环境清洁。

任务2　炭阳极用煅后石油焦中硫分的测定

工单编号:	姓名:	班级:
面向专业:炭材料工程技术	学号:	学时:2学时

教学目标

1. 掌握炭素材料挥发分和硫分的测定和计算方法。
2. 能够进行炭素材料挥发分和硫分的测定操作。
3. 具备安全责任意识、能说会做善评的动手操作能力和精益求精的工匠精神。

每课一句

全员参与,强化管理,精益求精,铸造品质。

任务要点

一、炭素材料挥发分的测定

1. 方法原理

在隔绝空气的情况下,将一定量的试样在规定的温度、时间下进行加热,按照质量损失(总质量)与蒸发水分损失之间的差来计算挥发分。试样在900 ℃±10 ℃下灼烧7 min,以试样质量减少量计算挥发分的含量。

2. 仪器和设备

(1)瓷坩埚:容积25 mL,带盖,上口外径38~39 mm,下底外径22~25 mm,高37~38 mm,适用于炭糊类。其他类用双盖瓷坩埚(图2-2):双层坩埚盖子都要紧密结合,上口外径30 mm,中口外径26.3 mm,下底外径20.5 mm,高44 mm。

(2)坩埚架:由耐热金属丝制成,架上坩埚底与炉底距离为20~25 mm。

(3)马弗炉:带自动温度控制器,能保持恒温(900 ℃±10 ℃),并能确保放入冷坩埚后在3 min内重新升温到900 ℃,炉门上应具有供挥发分逸出的小孔,热电偶的热接点应在炉的恒温区,与炉底距离为10~20 mm。

(4)烘箱:保持温度在110 ℃±5 ℃。

(5)干燥器:内装干燥剂(变色硅胶)。

(6)秒表。

(7)分析电子天平:感量0.001 g。

(8)坩埚钳。

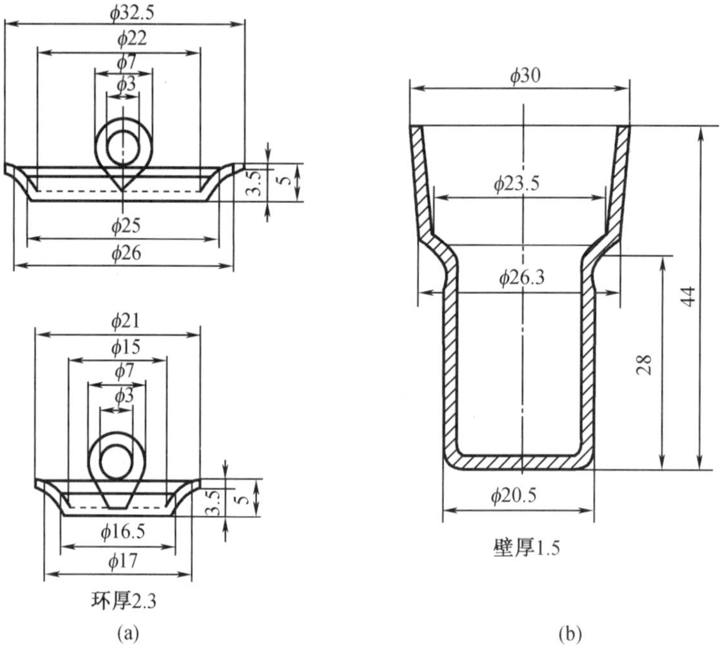

图 2-2 双盖瓷坩埚

3. 取样及制样

试样按 GB/T 26297.4 规定要求进行取样。取样后先将试样破碎至 4 mm 以下，充分混合，用四分法缩分至约 60 g，研磨后全部通过 0.5 mm 的标准筛。

4. 测定步骤

(1)称取试样 3 g，记录试样质量 m_0，精确至 0.001 g。

(2)将瓷坩埚及盖置于 900 ℃±10 ℃马弗炉中，灼烧 1 h，取出置于干燥器中，冷却 30 min 称量，精确至 0.001 g，重复灼烧，称量至恒重。

(3)将试样置于已恒重过的瓷坩埚中，均匀铺开，盖上盖，称量其质量 m_1，精确至 0.001 g，将瓷坩埚放在坩埚架上，并迅速放入 900 ℃±10 ℃马弗炉中，马弗炉的温度应在 3 min 内回到 900 ℃，在此温度下灼烧 7 min，取出，将瓷坩埚置于干燥器中，冷却 30 min，称量其质量 m_2，精确至 0.001 g。

【炭阳极用煅后石油焦挥发分的测定】

(4)平行地进行两次测定，取其平均值。试验的同时按要求测定分析水分。

(5)阴极糊水分质量分数的测定按照 YS/T 63.18 的规定执行。

5. 计算

温捣糊、热捣糊试样挥发分的质量分数 $w_{挥发}$ 按下式计算：

$$w_{挥发}=\frac{m_1-m_2}{m_0}\times 100\%-w_{水} \quad (2-5)$$

式中　m_0——试样的质量，g；

m_1——灼烧前瓷坩埚及盖和试料的质量,g;

m_2——灼烧后瓷坩埚及盖和残余物的质量,g;

$w_水$——试样的分析水分,%。

结果保留至小数点后两位。

冷捣糊试样挥发分质量分数 $w_{挥发}$ 按下式计算:

$$w_{挥发}=\frac{m_1-m_2}{m_0}\times 100\% \tag{2-6}$$

6. 精密度

重复性:r=0.6%。

再现性:R=0.9%。

二、炭阳极用煅后石油焦中硫分的测定

1. 艾氏卡试剂法

(1)范围

适用于炭阳极用煅后石油焦中硫分的测定,测定范围:0.1%~5%。

(2)方法原理

在氧化性的空气中将试样与艾氏卡试剂混合、灼烧,挥发掉易燃物质并且将硫转化为硫酸根。硫酸根用盐酸处理后,与氯化钡结合生成沉淀,质量法测定试样的全硫含量。

(3)试剂

①艾氏卡混合试剂:将 2 份质量的氧化镁和 1 份质量的无水碳酸钠研磨至粒度小于 0.2 mm,混合均匀,贮存于磨口试剂瓶中。

②盐酸(1+1)。

③硫酸钾溶液:称取 2 g 预先在 110 ℃±5 ℃下干燥的硫酸钾,溶解,然后用水稀释至 1 L。

④氯化钡溶液:称取 100 g 氯化钡,溶于水,用水稀释至 1 L。使用前用滤纸过滤。

⑤甲基红指示剂溶液(1 g/L):称取 0.1 g 甲基红,溶于 50 mL 乙醇中,用蒸馏水稀释至 100 mL,贮存于棕色磨口试剂瓶中。

⑥氨水。

⑦硝酸银溶液(17 g/L):将 17 g 硝酸银溶解于水中,稀释至 1 L,贮存于深色瓶中。

(4)仪器和设备

①电子天平:精确至 0.000 1 g。

②马弗炉:可以维持在 825 ℃±10 ℃。

③瓷坩埚:30 mL。

④烘箱:可以维持在 110 ℃±5 ℃。

⑤定量滤纸:中速,直径 90~110 mm。

⑥定量滤纸:慢速,直径 90~110 mm。

(5)取样及制样

将10 g试样用研钵研磨(研钵需用硬质材料,如玛瑙、碳化钨、碳化硅),直至全部通过0.15 mm的筛子。将样品放入烘干箱中在110 ℃±5 ℃下烘干2 h。

(6)测定步骤

①称取1.0 g试样,精确至0.000 1 g。

②测定次数

平行地进行两次测定,取其平均值,随同试料做空白试验。

③测定

a.在瓷坩埚的底部均匀覆盖一层0.5 g艾氏卡试剂,将试料与2.5 g艾氏卡试剂充分混合均匀,置于瓷坩埚中,摊平,然后用1.0 g艾氏卡试剂均匀覆盖。

b.将瓷坩埚放入冷的马弗炉中,在1.5 h内将温度升至825 ℃,并在825 ℃±10 ℃下灼烧3 h,取出瓷坩埚冷却至室温。用玻璃棒搅松灼烧物(如发现有未烧尽的颗粒存在,应在825 ℃±10 ℃下继续灼烧)。将灼烧物移入有20~30 mL蒸馏水的400 mL烧杯中,用50 mL热水彻底洗涤瓷坩埚,然后将冲洗液加入烧杯。

c.在烧杯上放置一个表面皿,滴加盐酸溶解固体试样,加热以促进溶解,待溶解完全后,煮沸5 min以排出CO_2,用定量滤纸过滤,收集滤液到锥形烧杯中。用热水洗涤,向滤液中加入2~3滴甲基红指示剂。然后滴加氨水直到溶液变黄并有沉淀物形成,接着加入适量的盐酸重新溶解沉淀物,再过量1 mL。加入蒸馏水稀释溶液大约200 mL,加热至沸腾就缓慢减少加热量直到停止沸腾,在20 s内用移液管滴加10 mL $BaCl_2$溶液,边滴加边搅拌。在略低于沸点的温度下保温30 min,取下,陈化12 h。

d.用定量滤纸过滤,并用冷蒸馏水洗至无氯离子(用硝酸银溶液检验)。将沉淀物连同滤纸移入已恒重过的瓷坩埚中,先在电炉上低温灰化,然后移入825 ℃±10 ℃马弗炉中,灼烧1 h,取出,移入干燥器中,冷却30 min,称量,精确至0.000 1 g。重复灼烧,称量至恒重。

(7)空白测定

按同样的操作步骤进行空白测定,不加试样,在步骤c中使用同一标记的移液管,在滴加甲基红指示剂溶液之前加入25 mL的硫酸钾溶液到滤液中。

(8)计算

按下式计算硫的质量分数:

$$w(\mathrm{S})=\frac{13.74(m_2-m_3+0.033\,48\rho_{\mathrm{K_2SO_4}})}{m_1}\times 100\% \tag{2-7}$$

式中 m_1——试料的质量,g;

m_2——测定过程中生成硫酸钡的质量,g;

m_3——空白试验硫酸钡的质量,g;

$\rho_{\mathrm{K_2SO_4}}$——硫酸钾溶液的浓度,g/L;

0.033 48——换算系数。

2.燃烧-红外吸收法

(1)范围

本部分规定了炭阳极用煅后石油焦中硫分的测定方法。本部分适用于炭阳极用煅后石油焦中硫分的测定，测定范围：0.1%～8%。

（2）方法原理

将试样置于电阻炉中，在氧气流下高温燃烧，硫被氧化成二氧化硫气体，利用红外分析仪和积分程序测定二氧化硫总的生成量。

（3）仪器和设备

①氧气：纯度 99.5%。

②瓷坩埚：准确地放到电阻炉中央，使用前必须预先在有氧气流经燃烧管的电阻炉中预烧，以防止固态氧化物在高温区域从坩埚中溅出。

（4）取样及制样

将 10 g 试样用研钵研磨（研钵需用硬质材料，如玛瑙、碳化钨、碳化硅），直至全部通过 0.2 mm 的筛子。将样品放入烘干箱中烘干 2 h。

（5）稳定设备

①按仪器使用说明书操作红外吸收分析仪，炉中的氧气压力或流量按厂家规定进行。

②空白试验：将空坩埚放在电阻炉中央，按仪器操作方法在 1 350 ℃进行测定。试验空白不超过 0.005% S。

③校准：用标准样品按与②相同的步骤进行测定，重复测定 4 次，结果稳定时，取其平均值对仪器进行参数校准。校准后取另一标样进行测试，测定结果的差在允许范围内，可进行试样的测定，否则重新校准。

【燃烧-红外吸收法测定煅后焦硫分】

（6）测定步骤

称取 0.2～0.3 g 试样，精确至 0.000 1 g。按与②相同的步骤进行试样的测定。

任务实施

做一做：对某一种炭素材料进行挥发分测定和硫分测定操作。

纠错

纠一纠：教师对学生挥发分和硫分测定操作进行纠错点评。

评价

评一评:以过程性考核为主,关注学生个体增值,根据实际可增加评价主体,完善评价体系。

评价指标		评价主体		
一级指标	二级指标	学生自评	学生互评	教师评价
知识目标	掌握炭素材料挥发分的测定方法			
	掌握炭素材料硫分的测定方法			
能力目标	能进行炭素材料挥发分的测定操作			
	能进行炭素材料硫分的测定操作			
	能进行数据处理			
素质目标	具备能说会做善评的能力			
	具备团结协作、精益求精的工匠精神			

思考与讨论

挥发分和硫分含量对炭素材料质量有什么影响?

任务拓展

归纳总结不同炭素材料挥发分和硫分测定要点,并上传教学平台。

总结反思

课后阅读

马弗炉操作规程

1. 型号:SX2-4-10。

2. 用途:用来测定原材料、半成品和成品的灰分和挥发分。

3. 主要技术参数

(1)电压:220 V。

(2)相数:单相。

(3)功率:4 kW。

(4)最高温度:1 000 ℃。

(5)加热室尺寸:300 mm×200 mm×120 mm。

4. 操作规程

(1)接通电源开关,温控仪上“ON”键上绿灯亮。

(2)检查电压值是否达到使用要求,如正常,即可投入使用。

(3)旋转温度控制开关,升温至试验温度。

(4)打开炉门,将样品放入进行试验。

(5)试验完毕,须切断电源。

5. 安全技术规程

(1)控制器、电阻炉应有良好的接地装置,电炉工作环境应干燥、通风。

(2)定期检查电路、线路是否符合要求,螺栓是否稳固、完好。

(3)连接热电偶至温控器的补偿导线,正负极不可接反。

(4)温度控制器离电炉不宜太近。

(5)为保证安全,取送试样时,必须先切断电源。

6. 维护保养规程

(1)第一次使用的新炉或存放过久再次使用的电炉均应进行烘炉处理,其过程如下:

①室温~200 ℃,2 h;200~400 ℃,4 h。

②400~800 ℃,4 h;800~1 000 ℃,4 h。

(2)电炉使用时,炉温不得超过额定温度。

(3)定期检查电炉,温控器和电源之间各导线连接是否良好,发现松动应及时加以紧固。

(4)经常清除炉内铁屑、氧化物等,保持炉内清洁。

(5)若硅碳棒断裂、破损,或发热值无法满足试验要求,应予以更换。

(6)炉子周围无导电尘埃、爆炸性气体及腐蚀性气体。

项目3 煤沥青的测定

任务1 煤沥青的组分分析和总固定碳含量的测定

工单编号:	姓名:	班级:
面向专业:炭材料工程技术	学号:	学时:2学时

教学目标

1. 掌握煤沥青组分的分析方法。
2. 掌握煤沥青总固定碳含量的测定方法。
3. 具备安全责任意识、能说会做善评的动手操作能力和精益求精的工匠精神。

每课一句

原始记录要可靠,检测分析才有效。

任务要点

一、煤沥青的组分分析

沥青组成非常复杂,可根据分子量的大小分成若干个等级。

1. 方法原理

由于分子量不同,其沸点也不同。故可在不同温度下蒸馏分离出各个组分。由于将每一种组成分离出来非常困难,可按照化学相似规则,即“两种物质的分子大小、组成与结构越相似,则其性能越相似,故越能很好地互相溶解。”根据该原则,可将一种混合物沥青溶液用不同的溶剂进行萃取,而分离出其中化学性质相近似的物质组分。

煤沥青组分分析如图3-1所示,一般采用甲苯、石油醚、喹啉等溶剂进行组分分离。

2. 仪器、设备与试剂

(1)仪器和设备

烧瓶(500 mL)、容量瓶(100 mL)、砂纸、洗耳球、电炉、称量瓶、乳体、鼓风干燥箱、脂肪抽提器、冷凝管、分析电子天平、漏斗及漏斗架、表面皿、定量纸若干、烧杯、电烘箱、筛网。

(2)试剂

甲苯、石油醚。

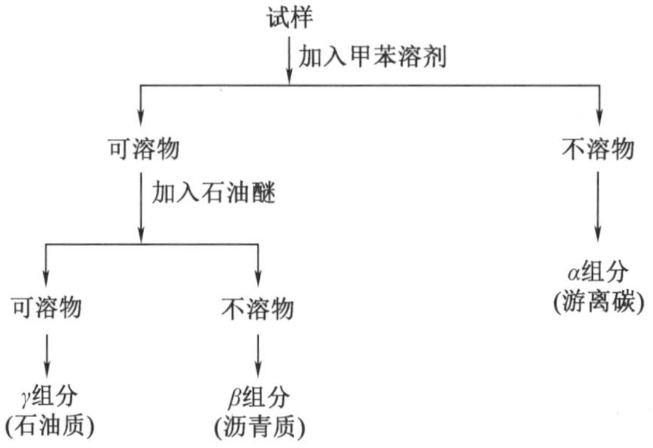

图 3-1　煤沥青组分分析

3. 测定步骤

(1)游离碳的分离

①将砂子用水洗后干燥过筛,筛取粒度 0.3~1 mm(20~60 目)的砂子,在甲苯中浸泡 24 h 以上,取出晾干后,在 115~120 ℃干燥箱中干燥后备用。

②将外层 ϕ150 mm 和内层 ϕ140 mm 的双层滤纸折叠成直径为 25 mm 的滤纸筒,在甲苯中浸泡 24 h 后取出晾干,在 115~120 ℃干燥箱中干燥后备用。

③将约 10 g 已处理的砂子倒入自叠滤纸筒内,并置于称量瓶中,在 115~120 ℃干燥箱中干燥至恒重(两次称量质量差不超过 0.000 4 g)备用。

④将沥青试样熔化、脱水(勿使其过热),仔细搅拌,经筛网过滤、冷却后粉碎至 0.5 mm 以下,置于 50 ℃±2 ℃鼓风干燥箱中干燥。

⑤称取煤沥青试样 2 g(称取至 0.000 2 g)置于已恒重的滤纸筒内,并将煤沥青与砂子充分搅拌混合。

⑥将装有试样的滤纸筒放入脂肪抽提器的抽出筒中,使滤纸筒上边缘高于虹吸管顶部 20 mm 左右。

⑦往脂肪抽提器的蒸馏瓶中倒入 120 mL 甲苯,安装抽出筒,然后沿滤纸筒上边缘滴加约 30 mL 甲苯,使滤纸筒上边缘润湿,并使试样浸泡(不要让甲苯虹吸下去)。

⑧将冷凝管装好,把脂肪抽提器置于砂浴上,通入冷却水,加热回流,回流速度控制在 1 min 左右流一次(虹吸一次),至回流液呈淡黄色接近无色透明,且抽滤筒内滤液无明显黄色带状溶解物。

⑨停止加热,稍冷,取出滤纸筒,置于原称量瓶中,在通风柜中使大部分甲苯挥发后,放入 110~120 ℃干燥箱中,干燥 2 h,取出置于干燥器中,冷却至室温称重,再干燥半小时,进行恒重检查,直到连续两次质量差在 0.001 g 以内为止。

【游离碳的测定】

⑩蒸馏瓶中的滤液留下用于沥青质和石油质分析。

脂肪抽提器如图 3-2 所示。

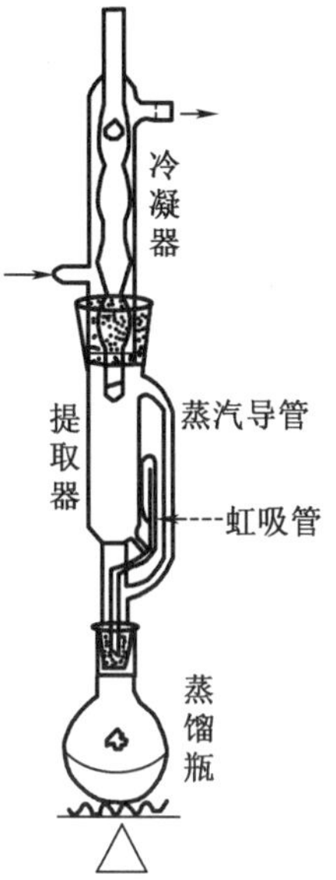

图 3-2　脂肪抽提器

(2)沥青质及石油质的分离

①用石油醚冲洗定量滤纸,晾干,于烘筒中烘干至恒重。

②将①中的滤液蒸发掉一部分甲苯,调节至 100 mL。

③量取 10 mL 溶液放入 250 mL 烧杯内,加入 50 mL 石油醚,此时生成褐色絮状沉淀。

④待沉淀后用倾泻法在恒重过的滤纸上试过滤 5 mL,在滤液中再加石油醚 20 mL,如果还有沉淀物生成,则需往烧杯中继续加一定量的石油醚。(要将过滤后滤液返回烧杯中)重新过滤,如果没有沉淀生成,则继续过滤,并用石油醚将烧杯冲洗干净。

【沥青质和石油质的分离】

⑤待滤纸上的溶剂挥发后,放入称量瓶中,在 105~110 ℃的电烘箱中干燥 2 h,取出放在干燥箱中,冷却约 30 min 后进行称量(准确至 0.000 2 g),继续重复至恒重(至两次误差小于 0.000 4 g 为止)。

4. 计算

(1)游离碳含量的计算

$$C_1=\frac{G_3-G_2}{G_1}\times 100\%-A \tag{3-1}$$

式中　C_1——游离碳的含量,%;

G_1——试样的质量,g;

G_2——滤纸的质量,g;

G_3——滤纸和沉淀的总质量,g;

A——试样灰分的含量,%。

(2)沥青质含量的计算

$$C_2=\frac{10\times(G_5-G_4)}{G_1}\times100\% \tag{3-2}$$

式中 C_2——沥青质的含量,%;

G_1——试样的质量,g;

G_4——滤纸的质量,g;

G_5——滤纸和沉淀的总质量,g。

(3)石油质含量的计算

$$C_3=100\%-C_1-C_2 \tag{3-3}$$

式中 C_3——石油质的含量,%。

二、沥青中总固定碳含量的测定

固定碳是指沥青在隔绝空气加热至 800 ℃时经热分解后除去灰分的残留物。

1. 方法原理

将沥青与空气隔绝加热,则沥青中低分子碳氢化合物被分解出来,不挥发的物质则以固定碳的形式残留下来,因此对沥青中总固定碳进行测定可以初步估计沥青的析焦量。

2. 仪器和设备

分析电子天平、石棉板、温度指标调节仪、带盖瓷坩埚(25 mL)、焦炭粉(0.5~1 mm)、计时器、铁钳子、铂铑-铂热电偶、马弗炉(1 000 ℃)、大坩埚、镍铬坩埚架。

3. 测定步骤

(1)将 25 mL 瓷坩埚在 800 ℃预烧恒重。

(2)准备称取 0.5 mm 粒度的沥青试样 3~5 g 放入 25 mL 瓷坩埚内(精确到 0.000 1 g)。

(3)将盛有试样的坩埚放入冷的马弗炉中经过 20 min 加热到 460~470 ℃,然后盖上盖子,移到另一个较大的坩埚内,两坩埚之间填入焦炭粉,以免空气进入。

(4)将大坩埚连同试样放入 800 ℃的高温马弗炉内加热 3 h,然后取出坩埚,冷却到室温,立即称重。

4. 计算

计算方法:热分解后残留物的质量占测定试样质量的百分比减去测定沥青中的灰分含量,即为沥青中总固定碳含量。

$$w(\mathrm{C})=\frac{m_2-m}{m_1-m}\times100\%-A \tag{3-4}$$

【沥青中总固定碳含量的测定】

式中 $w(\mathrm{C})$——沥青中总固定碳含量,%;

m——坩埚的净质量,g;

m_1,m_2——灼烧前后坩埚和试样的总质量,g;

A——沥青中灰分含量,%。

允许误差:两平行试验为±0.5%。

任务实施

做一做：对煤沥青进行组分分析和总固定碳含量测定操作。

纠错

纠一纠：教师对学生煤沥青组分分析和总固定碳含量测定操作进行纠错点评。

评价

评一评：以过程性考核为主，关注学生个体增值，根据实际可增加评价主体，完善评价体系。

评价指标		评价主体		
一级指标	二级指标	学生自评	学生互评	教师评价
知识目标	掌握煤沥青组分的分析方法			
	掌握煤沥青总固定碳含量的测定方法			
能力目标	能进行煤沥青组分的分析测定操作			
	能进行煤沥青总固定碳含量的测定操作			
	能进行数据处理			
素质目标	具备能说会做善评的动手操作能力和精益求精的工匠精神			
	具备团结协作、分析解决问题的能力			

思考与讨论

请说明煤沥青组分分离的原理。

任务拓展

归纳总结煤沥青灰分含量测定和总固定碳含量测定要点，并上传教学平台。

总结反思

课后阅读

沥青黏度测试仪操作规程

1. 型号:RDC204 型。

2. 用途:用于沥青黏度的测定。

3. 主要技术参数

(1)加热功率:0.2 kW。

(2)额定电压和频率:220 V,50/60 Hz。

(3)测量方式:全自动。

(4)主轴扭矩测试精度:满量程的±1%。

(5)速度范围:54 个可选速度。

(6)黏度精度:满量程的±1.0%。

(7)黏度再现性:±0.2%。

(8)温度精度:±1 ℃:-100~149 ℃;±2 ℃:150~300 ℃。

4. 原理

黏度是一种表示流体流动阻力的度量，通过测定一定量的试样，在一定温度下流经一定长度和半径的黏度计所需的时间而获得。

5. 操作规程

操作前的检查：检查线路连接是否安全、牢固，有无短路、漏电现象。

以下一般程序用于测量沥青黏度：

（1）在 DV-Ⅱ+Pro 黏度计上（LV 与 RV 系列）安装护脚并插入容器中。

（2）往测试材料中插入转子并对中，直到流体液位到达转子轴上的浸没槽。对于盘式转子，浸没时需要稍微倾斜转子，避免转子表面带有气泡。将转子连接到黏度计的下方轴上。轻轻托起轴，一只手牢牢固定，另一只手旋紧转子（注意是左旋螺纹）。此过程中应避免横向冲击。然后检查转子浸没深度是否合适，黏度计是否水平。

通常是通过反复试验法为未知流体选择转子和转速。合适的选择需要保证力矩百分比读数在 10%～100%范围内。在反复试验的过程中，有两条适用的通则：一是黏度范围与转子尺寸成反比；二是黏度范围与转速成反比。

测量高黏度时，选择小型转子和/或低转速。如果选择的转子/转速导致读数高于100%，则需减速或更换较小的转子。

通过试验一般会有几种转子/转速的组合可以获得满意的 10%～100%的结果。出现这种情况时，可以任选其一。

对于非牛顿流体行为，更换转子或转速可能导致测得的黏度值发生变化。

打开电机，保持一段时间让读数稳定。读数稳定时间由转速和样本流体特性决定。为了获得最大精度，应避免低于 10%的读数。记录读数。

（3）更换转子或样本时，按下 MOTOR ON/OFF/ESCAPE 键并关闭电机。清洗之前移除转子。

有关数据结果的分析、非牛顿流体和触变性流体的黏度测试的阐述，请参阅说明书和黏度测量中的变量。

6. 安全技术规程

（1）设备应接地线。

（2）设备使用前必须检查线路连接是否符合设备要求，有无短路、漏电现象。

（3）禁止测试在测试温度下会释放有毒及易燃气体的物质。

（4）禁止任意拆卸设备，改装设备及线路。

7. 维护保养规程

（1）任何维护操作，都应在将设备与主供电电源断开后，方可进行。

（2）定期检查线路的连接是否完好。

（3）清洗。确保在清洗之前从仪表移除转子。如果保留转子在其中进行清洗，则有可能导致严重的仪表损伤。

仪表与小键盘:使用干燥的软质布料清洁。不要使用溶剂或清洗剂。

浸入元件(转子):转子由不锈钢制成,故应使用软质布料及适用于试样材料的溶剂清洗。

【注】 清洗的时候,注意不要用力过度,否则有可能造成转子弯曲。

(4)试验前后应进行清扫,保持环境和设备清洁;设备长期不用时,应用保护罩盖好。

任务2　煤沥青甲苯不溶物和喹啉不溶物含量的测定

工单编号：	姓名：	班级：
面向专业：炭材料工程技术	学号：	学时：2 学时

教学目标

1. 掌握煤沥青甲苯不溶物含量和喹啉不溶物含量的测定方法。
2. 能够进行煤沥青甲苯不溶物和喹啉不溶物测定操作。
3. 具备安全责任意识、能说会做善评的动手操作能力和精益求精的工匠精神。

每课一句

干一行，爱一行，钻一行，精一行。

任务要点

一、煤沥青甲苯不溶物测定（抽提法）

一定质量的煤沥青试样用甲苯进行抽提，其残留物的质量占原试样质量的百分比，作为该试样的甲苯不溶物含量。

1. 仪器、设备与试剂

(1)仪器和设备

①脂肪抽提器：容积 250 mL，如图 3-3 所示。

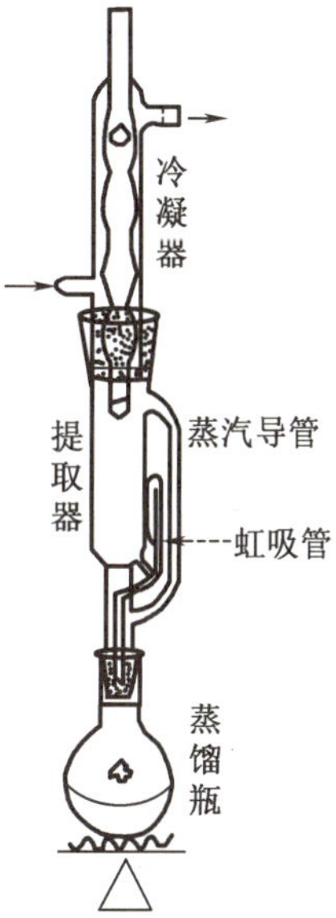

图 3-3　脂肪抽提器（索式抽提器）

②称量瓶：直径 35 mm、高 70 mm，并附有严密的磨口盖。

③干燥器：内装干燥剂。

④干燥箱：带有自动调温装置，能保持温度 115～120 ℃。

⑤砂浴。

⑥分析电子天平：感量 0.000 01 g。

⑦自叠滤纸筒。

（2）试剂

①纯甲苯（无水）。

②砂子：海砂或玻璃砂（20~60 目）。

③中速定量滤纸：直径 140 mm、150 mm。

2. 准备工作

（1）砂子的处理：将砂子水洗后干燥过筛，筛取粒度 20~60 目（1~0.3 mm）的砂子，在甲苯中浸泡 24 h 以上，取出晾干后，在 115~120 ℃干燥箱中干燥后备用。

（2）自叠滤纸筒：将外层直径 150 mm 和内层直径 140 mm 的双层滤纸折叠成直径约 25 mm 的滤纸筒，在甲苯中浸泡 24 h 后，取出并晾干，在 115~120 ℃干燥箱中干燥后备用。

（3）将约 10 g 已处理的砂子倒入自叠滤纸筒，并置于称量瓶中，在 115~120 ℃干燥箱中干燥至恒重（两次称量，质量差不超过 0.000 4 g）备用。

3. 测定步骤

（1）称取小于 0.5 mm 干燥煤沥青试样 1 g（称准至 0.000 2 g），置于已恒重的滤纸筒中，并将煤沥青与砂子充分搅拌混匀。

（2）将装有试样的滤纸筒放入脂肪抽提器的抽出筒中，使滤纸筒上边缘高于液面 2 mm 左右。

（3）往脂肪抽提器的蒸馏瓶中倒入 120 mL 甲苯，安装抽出筒，然后沿滤纸筒上边缘滴加约 30 mL 甲苯，使滤纸筒上边缘湿润，并使试样浸泡（不要让甲苯虹吸下去）。

（4）将挂有引流铁丝的冷却管装好，把脂肪抽提器置于砂浴上，通入冷却水，加热回流，回流速度控制在 1 min 左右满流一次，至回流液呈淡黄色接近无色透明，且抽滤筒内滤液无明显的黄色带状溶解物。

（5）停止加热，稍冷，取出滤纸筒，置于原称量瓶中，在抽毒罩中使大部分甲苯挥发后，放入 110~120 ℃干燥箱中，干燥 2 h，取出置于干燥器中，冷却至室温恒重。再干燥半小时，进行恒重检查，直到连续两次质量差在 0.001 g 以内为止。

【煤沥青甲苯不溶物的测定】

4. 计算

煤沥青中甲苯不溶物含量按下式计算：

$$w(\text{甲苯不溶物})=\frac{G_2-G_1}{G}\times100\% \tag{3-5}$$

式中 G_2——甲苯不溶物、砂子、滤纸筒和称量瓶的总质量，g；

G_1——砂子、滤纸筒和称量瓶的总质量，g；

G——试样质量，g。

二、煤沥青喹啉不溶物含量的测定

在规定的试验条件下，用喹啉进行萃取，并对其不溶物进行过滤和称量。

1. 取样及制样

按《焦化产品固体类取样方法》(GB 2000—80)采取试样，烘干后用研钵研磨成通过SSW 250/160 μm 筛的颗粒。

2. 仪器、设备与试剂

(1)仪器和设备

①离心机：转速为0~400 r/min，带50 mL硬质离心试管。

②真空泵：1 L/s，极限真空度0.067 Pa。

③恒温水浴：0~100 ℃，控温范围±1 ℃。

④电热干燥箱：105~110 ℃。

⑤称量瓶：直径35 mm，高70 mm，并带有严密的磨口盖。

⑥抽滤瓶：容积1 000 mL。

⑦玻璃漏斗：直径80 mm。

⑧滤纸：直径125 mm中速定量滤纸。

⑨三角烧杯：容积150 mL，带磨口塞。

⑩量杯：容积50 mL。

⑪分析电子天平：感量0.000 1 g。

(2)试剂

①喹啉：化学纯，工业品或回收的喹啉在1.013×10^5 Pa压力下重新蒸馏，切取236~237 ℃的馏分。

②甲苯：化学纯或焦化甲苯。

4. 准备工作

(1)将滤纸置于甲苯中浸泡24 h，取出晾干，烘干后备用。

(2)将两张在甲苯中浸泡过的滤纸折成双层漏斗形置于称量瓶中干燥并恒重。

5. 测定步骤

(1)称取干燥沥青试样1 g(称准至0.000 2 g)，置于洁净的离心试管中，加入20 mL喹啉，用玻璃棒搅拌均匀。

(2)将上述试管与装有100 mL喹啉的三角烧瓶一起浸入75~80 ℃的水浴中，加热并不断搅拌，60 min后取出。

(3)把离心试管置于离心机中，在4 000 r/min的转速下离心20 min后取出。

(4)装好过滤漏斗，慢慢地将试管中的清液倒入滤纸中进行抽滤。

(5)用20 mL热喹啉分数次洗涤试管内的残渣，使残渣全部转移到滤纸上。

(6)用滴管吸取30 mL热喹啉，多次滴洗滤纸上的残渣。

(7)滤干后,用 50 mL 甲苯按步骤(5)(6)重复洗涤。

(8)抽干后取出滤纸,置于原来的称量瓶中,在 105~110 ℃干燥箱中干燥 90 min 后取出,稍冷,置于干燥器中冷却至室温并称量至恒重。

【煤沥青喹啉不溶物含量的测定】

6. 计算

煤沥青中喹啉不溶物含量按下式计算:

$$Q' = \frac{m_2 - m_1}{m} \times 100\% \tag{3-6}$$

式中 Q'——喹啉不溶物的含量,%;

m_2——称量瓶、滤纸和喹啉不溶物的总质量,g;

m_1——滤纸和称量瓶的质量,g;

m——试样质量,g。

任务实施

做一做:对煤沥青进行甲苯不溶物和喹啉不溶物含量的测定操作。

纠错

纠一纠:教师对学生煤沥青甲苯不溶物和喹啉不溶物含量测定操作进行纠错点评。

评价

评一评:以过程性考核为主,关注学生个体增值,根据实际可增加评价主体,完善评价体系。

评价指标		评价主体		
一级指标	二级指标	学生自评	学生互评	教师评价
知识目标	掌握煤沥青甲苯不溶物的测定方法			
	掌握煤沥青喹啉不溶物的测定方法			
能力目标	能进行煤沥青甲苯不溶物的测定操作			
	能进行煤沥青喹啉不溶物的测定操作			
	能进行数据处理			
素质目标	具备能说会做善评、分析和解决问题的能力			
	具备团结协作和精益求精工匠精神			

思考与讨论

煤沥青喹啉不溶物含量测定为什么采用抽滤法？

任务拓展

归纳总结煤沥青甲苯不溶物和喹啉不溶物含量的测定要点，并上传教学平台。

总结反思

课后阅读

喹啉不溶物

煤焦油和煤沥青中的喹啉不溶物(QI)对制品的生产和性能有较大的影响，而对于炭素电极材料来说，一定量的分布均匀的喹啉不溶物粒子，有利于提高制品的机械强度和导电性能，降低炭耗。

喹啉不溶物的含量有利于提高炭制品的机械强度和导电性，对炭制品焙烧中的膨胀有一定限制作用。但是，喹啉不溶物过高，会使沥青的流动性降低，不利于后期炭制品的加工。

针状焦：生产超高功率电极、特种炭素材料、炭纤维及其复合材料等高端炭素制品的原料。根据生产原料的不同，针状焦可分为油系针状焦和煤系针状焦两种。以石油渣油为原料生产的针状焦为油系针状焦；以煤焦油沥青及其馏分为原料生产的针状焦为煤系针状焦。

焦化产品：煤焦油、煤焦油沥青、石油沥青。

喹啉不溶物主要对成型和导电性产生影响。

任务3　煤沥青软化点的测定

工单编号:	姓名:	班级:
面向专业:炭材料工程技术	学号:	学时:2学时

教学目标

1. 掌握煤沥青软化点的测定方法。
2. 能够进行煤沥青软化点的测定操作。
3. 具备安全责任意识、能说会做善评的动手操作能力和精益求精的工匠精神。

每课一句

一丝之差,优劣分家。

任务要点

煤沥青软化点的测定(环球法)

沥青的软化点是指试样在测定条件下,因受热而下坠达25.4 mm时的温度,以℃表示。

环球法适用于软化点范围在30~157 ℃的石油沥青和煤焦油沥青试样,软化点在30~80 ℃范围内用蒸馏水作加热介质,软化点在80~157 ℃范围内用甘油作加热介质。

把确定质量的两个钢球分别置于填满沥青并刮平表面的黄铜环上,在加热介质中以一定速度加热,沥青开始慢慢软化,至钢球下落25.4 mm距离并触及底层钢板,此时两个试样测定的温度平均值即视为沥青软化点,以摄氏度(℃)表示。

沥青是没有严格熔点的黏性物质。随着温度的升高,它们逐渐变软,黏度降低。因此软化点必须严格按照试验方法来测定,才能使结果重复。

软化点用于沥青的分类,是沥青产品标准中的重要技术指标。

1. 仪器、设备与试剂

(1)仪器和设备

①沥青软化点测定仪:其组成如图3-4所示。

②钢球和钢球定位器(图3-5):直径9.53 mm,重3.50 g±0.05 g。

③铜环:如图3-6所示。

④金属架:由两个杆和三层平行的金属板组成,上层为一圆盘,直径120.7 mm(大于烧杯直径),中间有一孔可插温度计,中层是具有三个圆孔的平板,两旁的两孔安放铜环,中间小孔支持温度计的水银球,距环上面51 mm处杆上刻有油高标记,下层的上面距中层铜环

的底面 25.4 mm，其形状尺寸如图 3-7 所示。

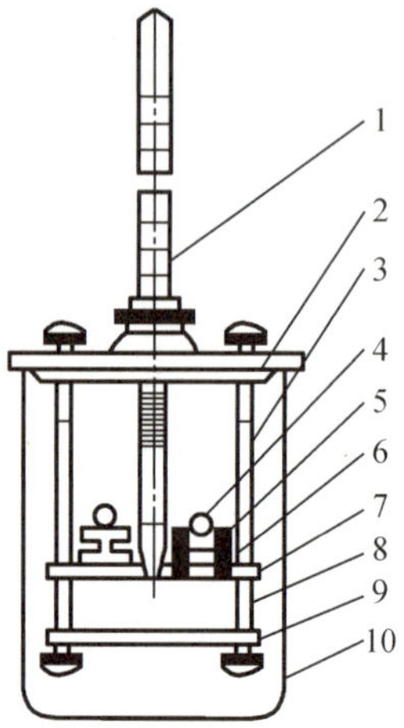

1—温度计；2—上承板；3—框轴；4—钢球；5—环套；6—环；7—中承板；8—支承套；9—下承板；10—烧杯。

图 3-4　沥青软化点测试仪

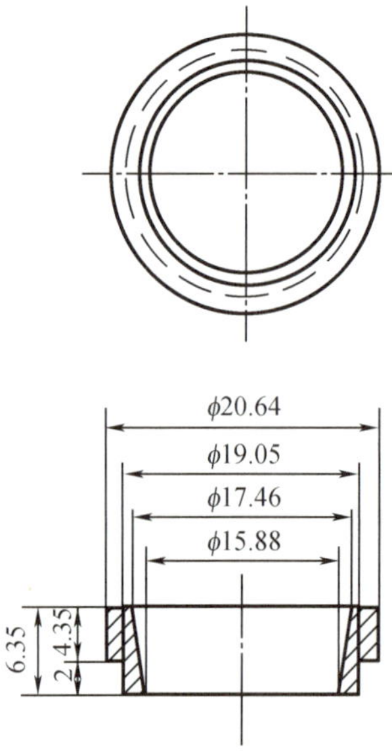

图 3-5　钢球定位器

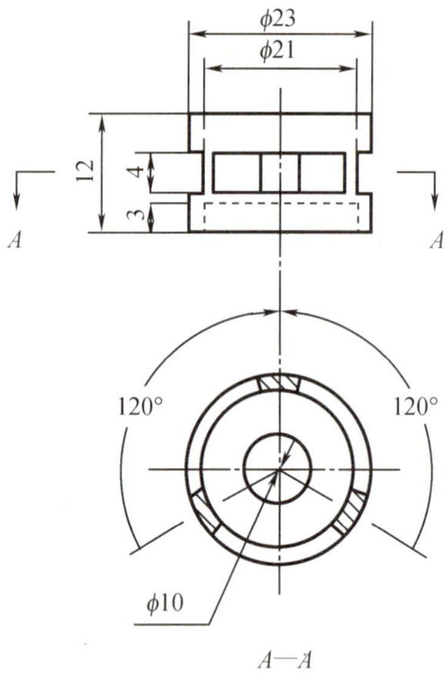

图 3-6　铜环

⑤玻璃烧杯：容积 800 mL，直径 105 mm，高 135 mm。

⑥环夹：由薄钢条制成，其形状、尺寸如图 3-8 所示。

⑦温度计：高温煤沥青用温度范围 50～100 ℃，低、中温煤沥青用温度范围 0～100 ℃。分刻度 0.2 ℃。

⑧空气浴：保温罩如图 3-9 所示。

⑨熔样勺：用 1～1.5 mm 厚铜板制成，如图 3-10 所示。

⑩光滑金属板和小刀。

⑪加热器：煤气灯或可缓慢调整功率的电热器。

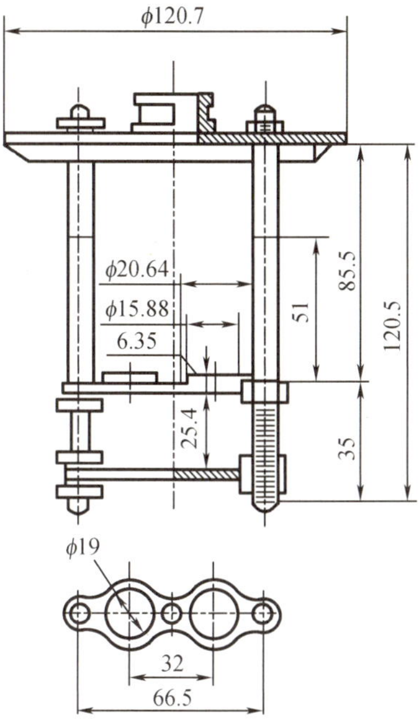

图 3-7　金属架

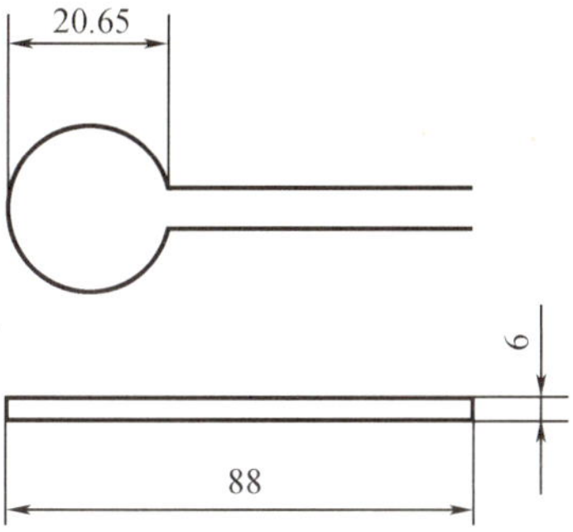

图 3-8　环夹

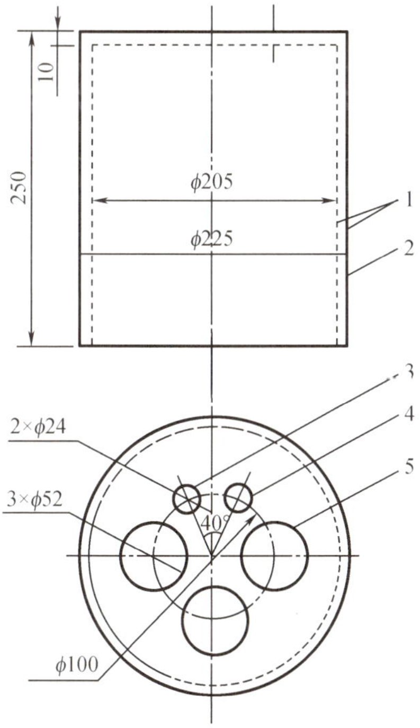

1—镀锌铁板(厚 0.5 mm);2—石棉绒;3—测温孔;
4—接触式温度计孔;5—熔样勺孔。

图 3-9　空气浴保温罩

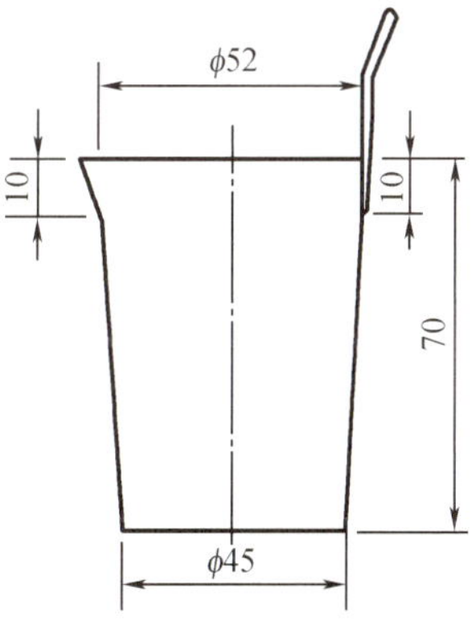

图 3-10　熔样勺

(2)试剂

凡士林或黄油和甘油。

2. 测定步骤

(1)配制密度为 1. 12~1. 14 g/cm^3 的甘油水溶液。

【注】 低温煤沥青用 5 ℃水浴;高温煤沥青用纯甘油液。

(2)取小于 3 mm 干燥煤沥青试样约 25 g,置于熔样勺中,在 170~180 ℃空气浴上加热,使试样熔化,不时搅拌,赶走空气泡。

【注】 低温煤沥青在 70~80 ℃水浴上加热;高温煤沥青在 220~230 ℃空气浴上加热。

(3)使铜环稍热,置于涂有凡士林的热金属板上。

(4)立即将熔好的煤沥青倒入铜环中,至稍高出环上边缘为止。

(5)待铜环冷却至室温,用环夹夹住铜环,用温热刮刀刮去铜环上多余的沥青,刮时要使刀面与环面齐平。

【注】 低温煤沥青需把装有试样的铜环连同金属板置于 5 ℃水浴中,冷却 5 min 后取出,刮平后,再放入 5 ℃水浴中冷却 20 min。

(6)将装有试样的铜环置于金属架中层板上的圆孔中,装上定位器和钢球。

(7)将金属架置于盛有甘油水溶液的烧杯中,任何部分不应附有气泡,然后将温度计插入,使水银球下端与铜环的下面齐平。

【注】 低温煤沥青置于 5 ℃水浴中;高温煤沥青置于纯甘油浴中。

(8)将烧杯置于有石棉网的三脚架上,开始均匀升温加热,当溶液温度达 45 ℃时,保持升温速度为(5±0. 2)℃/min,若超过此升温速度,试验作废。

【注】 低温煤沥青:开始升温即调整升温速度保持(5±0. 2)℃/min。

高温煤沥青:当溶液温度达 70 ℃时,升温速度保持(5±0. 2)℃/min。

【煤沥青软化点的测定】

(9)当试样软化下垂,刚接触金属架底板时,立即读取温度计温度,取两环试样软化温度的算术平均值作为试样的软化点。当两环试样软化点超过 1 ℃时,应重做试验。

(10)不同软化点的试样测试按表 3-1 中规定进行。

表 3-1 不同软化点试样测试要求

操作项目	软化点范围		
	>95 ℃	75~95 ℃	<75 ℃
规定溶液	纯甘油	密度为 1. 12~1. 14 甘油水溶液	5 ℃水浴
熔样温度	在 220~230 ℃空气浴上加热	在 170~180 ℃空气浴上加热	在 70~80 ℃水浴上加热
升温速度	当溶液温度达 70 ℃时,保持(5±0. 2)℃/min	当溶液温度达 45 ℃时,保持(5±0. 2)℃/min	开始升温时保持(5±0. 2)℃/min

3. 精密度

(1)重复性：不大于1.5 ℃。

(2)再现性：不大于2.5 ℃。

任务实施

做一做：对煤沥青软化点测定操作。

纠错

纠一纠：教师对学生煤沥青软化点测定操作进行纠错点评。

评价

评一评：以过程性考核为主，关注学生个体增值，根据实际可增加评价主体，完善评价体系。

评价指标		评价主体		
一级指标	二级指标	学生自评	学生互评	教师评价
知识目标	掌握煤沥青软化点的测定方法			
能力目标	能进行煤沥青软化点的测定操作			
素质目标	具备安全责任意识和团结协作精神			
	具备能说会做善评的动手操作能力和精益求精的工匠精神			

思考与讨论

为什么煤沥青没有严格的熔点？

任务拓展

归纳总结煤沥青软化点测试方法，并上传教学平台。

总结反思

课后阅读

沥青软化点测定仪操作规程

1. 技术参数

(1)测温范围:-5~125 ℃。

(2)试验范围:5~90 ℃。

(3)升温速度:(5±0.5) ℃/min。

(4)检测方式:手动检测。

(5)升温方式:升温速度采用PID加模糊逻辑算法控制,磁力搅拌。

(6)钢球直径:9.53 mm。

(7)钢球下沉:25.4 mm。

(8)环:JTG E20—2011规程标准。

(9)计时范围:0~99 min 99 s。

(10)测温精度:0.1 ℃。

2. 操作规程

(1)将金属环置于涂有甘油滑石粉隔离剂(甘油∶滑石粉=2∶1)的玻璃板上。将沥青加热(石油沥青加热小于估计软化点+90 ℃,煤沥青加热小于估计软化点+50 ℃),搅拌、过筛后注入金属环内,略高出环面。

(2)如估计试样软化点高于120 ℃,则金属环与金属板(不用玻璃板)均应预热至80~100 ℃。

(3)试样在室温冷却30 min后,用环夹夹着试样环,并用热刮刀刮除环面上的试样,务必使之与环面齐平。

(4)将装有试样的试样环、金属支架、钢球、钢球定位环置于装有5 ℃±0.5 ℃水或甘油(估计软化点高于80 ℃)的恒温槽中至少15 min,同时将金属支架、钢球、钢球定位环等亦置于同条件的水或甘油中恒温至少 15 min。

(5)烧杯内注入 1 000 mL 新煮沸并冷却至 5 ℃的蒸馏水或 32 ℃的甘油，使液面略低于将要放入的环架立杆上的深标记。

(6)从保温槽中取出盛有试样的试样环放置在支架中层板的圆孔中，套上钢球定位环，然后将整个环架放入烧杯中，调整水面至深度标记，并保持水温 5 ℃。注意，环架任何部分不得附有气泡。

(7)将温度计(用于水中测温的量程为 0~100 ℃，用于甘油中测温的量程为 0~200 ℃)自顶层板的中心圆孔垂直插入，使水银球底与金属环下面齐平。

(8)将烧杯移至放有石棉网的调温电炉上，然后将钢球放在试样上，立即开启电炉加热，使杯内液体温度控制在 3 min 后保持每分钟上升 5 ℃±0.5 ℃。

(9)试样受热软化下坠至与下层板表面接触时，仪器将自动停止加热，读取并记录显示的时间及温度(软化点)。取其同一试验的两个值的平均值为试验结果。

(10)试验完毕，立即关闭电炉，切断电源，将烧杯移至放有石棉网的工作台上，将杯内水倒掉(如为甘油，则待其冷却后回收其未被污染部分，剩余部分同水倒掉)，去除沥青试样，用浸有汽油的棉纱擦洗金属环、钢球定位环、钢球及环架，并用干棉纱擦净，将钢球涂以少许油脂以防生锈。

【注】 (1)在试验中搅拌子转速不要太快(避免水产生旋涡影响试验结果)；

(2)试验中不放搅拌子会影响升温精度。

任务4　煤沥青动力黏度和润湿特性的测定

工单编号：	姓名：	班级：
面向专业：炭材料工程技术	学号：	学时：2学时

教学目标

1. 掌握煤沥青动力黏度和润湿特性的测定方法。
2. 能进行煤沥青动力黏度和润湿特性的测定操作。
3. 具备安全责任意识、分析解决问题能力和精益求精的工匠精神。

每课一句

眼到、手到、耳到、心到，检测环节不可少。

任务要点

一、煤沥青动力黏度的测定

1. 仪器、设备与试剂

(1)仪器和设备

①黏度计：其装置如图3-11所示。

②秒表：分度值为0.1 s。

③砝码：0～500 g。

④铅弹：平衡电子天平用。

(2)试剂

标定用液体：50 mL。

2. 测定步骤

(1)测定准备

把放电子天平横梁的支柱用调水平螺丝和水准器调到垂直位置，将温度计插入套管中，把恒温器和进口管与出口管连接起来。恒温器升温到测定温度，煤沥青试样倒入测量管中，一直装到离管口约25 mm处。预热球和棒，然后把它们放入管中。继续加热使仪器温度稳定30 min。上下运动钢球，使加温速度均匀，在稳定温度的最后10 min，温度应保持在测定温度±0.1 ℃。

(2)平衡电子天平

温度稳定30 min后，把铅弹放在砝码盘上，当指针保持在垂直位置，即相当于电子天平指针行程的一半时，就达到了平衡。

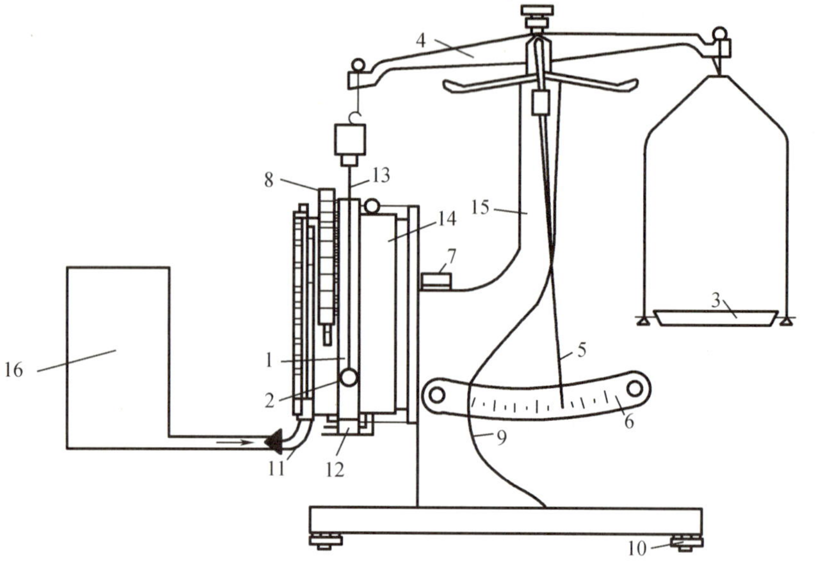

1—不锈钢测量管；2—不锈钢球（ϕ15 mm±0.02 mm）；3—砝码盘；4—带刀架的电子天平横梁；5—指针；6—刻度盘；7—水准器；8—精密温度计；9—可调标志器；10—调水平螺丝；11—进口管和出口管；12—螺帽与管塞；13—不锈钢室（2 mm）；14—不锈钢套管；15—带有刀刃支承架的支柱；16—恒温器。

图 3-11　黏度计装置

（3）测点

把质量为 5~500 g 的附加砝码放到砝码盘上，附加砝码根据指针在两个测量标志（零点和 S 点①）区间同覆盖的时间（20~60 s）来选择。测定前，把棒和球下沉到管中，使指针位置在零点标志前 20 mm 处。然后加在砝码盘上的附加砝码把液体煤沥青中的球向上拉，用秒表记录指针在刻度盘两个测量标志间的覆盖时间，重复测量 4 次。

3. 计算

（1）煤沥青的动力黏度按下式计算：

$$\eta = FMT \tag{3-7}$$

式中　η——煤沥青的动力黏度，Pa·s；

F——棒的系数，N/(g·m^2)；

M——附加砝码质量，g；

T——时间的平均值，s。

（2）标定

预备一已知黏度的煤沥青（其黏度在所测定的煤沥青试样黏度范围内），把可调标志器放在 70 mm 处，然后按照本节测定步骤（3），重复全部测定步骤。

$$L = \frac{\eta_0 \times 70}{MFT} = \frac{70\eta_0}{\eta} \tag{3-8}$$

① S 点即试样流出 50 mL 所经过的时间。

式中　L——刻度值,mm;

η_0——标定液的黏度,Pa·s。

二、煤沥青润湿特性的测定

主要用于沥青/石油焦湿润特性的测定。

型号:RDC204 型;加热功率:1.6 kW;额定电压:220 V,50/60 Hz;测量方式:全自动;测试时间:≤3 h;振动次数:1 500 次。

1. 原理

给定条件下测试石油焦对沥青的吸附或沥青对石油焦的渗透特性。即将一定粒度的试样(石油焦)放入一个给定体积的圆桶中,再称取一定粒度的沥青置于石油焦试样的顶层,放入烘箱,在设定温度和时间下进行试验,冷却后倒出未黏附的石油焦,称量并计算石油焦黏附沥青的质量比率。标准石油焦用于测试沥青的湿润能力,标准沥青用于测试石油焦的湿润能力。

2. 试样

石油焦粒度:0.25~0.5 mm。

沥青粒度:1~2 mm。

3. 操作规程

(1)操作前的检查:检查线路连接是否正常,玻璃量筒是否完好,有无破损。

(2)操作运行

①打开设备电源开关,将制备好的石油焦试样置于玻璃量筒(2 个)内后,将玻璃量筒安装在基座上。底座装设在容积计上。

【注】　容积计可用于按 ISODP 10236 标准测试石油焦的振实密度。

②振动 1 500 次后,将称量好的固体颗粒沥青加到石油焦上面,2 个量筒放入设定时间和温度的干燥箱内进行测试。

③测试完毕,取出量筒并立即从底座上松开,移除未被沥青凝结的颗粒状石油焦,称量玻璃量筒,然后确定结焦块的质量。

④将量筒放入炉子内,在 400 ℃温度下加热,清洁干净。

⑤结果计算

$$\text{湿润特性}=\frac{\text{结焦块的质量}}{\text{沥青的质量}}$$

结焦块的质量就是测试值减去沥青的最初质量后,余留在量筒内的石油焦/沥青质量。

⑥试验完毕,清扫设备和工作现场。

4. 安全技术规程

(1)设备应接地线。

(2)设备使用前必须检查线路连接是否符合要求,有无短路、漏电现象。

(3)严禁测试化学试剂或其他危险物。

(4)在取放试样过程中,绝对禁止用未戴热防护的肢体直接接触样品。

(5)禁止任意拆卸设备,改装设备及线路。

5. 维护保养规程

(1)任何维护操作,都应在将设备与主供电电源断开、干燥箱冷却后,方可进行。

(2)定期检查线路的连接是否完好。

(3)实验前后应进行清扫,保持环境和设备清洁;设备长期不用时,应用保护罩盖好。

任务实施

做一做:对煤沥青动力黏度和润湿特性测定操作。

纠错

纠一纠:教师对学生煤沥青动力黏度和润湿特性测定操作进行纠错点评。

评价

评一评:以过程性考核为主,关注学生个体增值,根据实际可增加评价主体,完善评价体系。

评价指标		评价主体		
一级指标	二级指标	学生自评	学生互评	教师评价
知识目标	掌握煤沥青动力黏度的测定方法			
	掌握煤沥青润湿特性的测定方法			
能力目标	能进行煤沥青动力黏度的测定操作			
	能进行煤沥青润湿特性的测定操作			
	能进行数据处理			
素质目标	具备安全责任意识和团结协作精神			
	具备分析解决问题的能力和精益求精工匠精神			

思考与讨论

请说明温度高低是如何影响煤沥青黏度大小的。

任务拓展

归纳总结煤沥青动力黏度和润湿特性操作要点,并上传教学平台。

总结反思

课后阅读

车床安全操作规程

1. 工作时必须穿好工作服，并扎紧袖口。夹活、卸活时戴手套，其余时间不准戴手套。必须戴好安全帽，长发或辫子应放入帽内，不得穿裙子、拖鞋。加工硬脆工件或高速切削时，须戴眼镜。

2. 必须熟悉车床性能，掌握操作手柄的功用，否则不得动用车床。

3. 车床启动前，要检查手柄位置是否正常。手动操作各移动部件检查有无碰撞或不正常现象，润滑部位要加油润滑。卡盘夹头要上牢，开机时扳手不能留在卡盘或夹头上；并开慢车试运转 5 min，确认一切正常方能操作。

4. 工件、刀具和夹具都必须装夹牢固才能切削。

5. 车床主轴变速、装夹工件、紧固螺钉、测量工作、清除切屑、转动小刀架或离开车床等都必须停车，防止刀具碰撞卡盘、工件或划破手。

6. 装卸卡盘或装夹重工件时，要有人协助或借助机械设备，床面上必须垫木板。

7. 工件转动时，操作者不能正对工件站立，身不靠车床，脚不踏油盘，不准手摸工件或用棉丝擦拭工件，不准用手清除切屑，不准用手强行刹车。禁止打开或卸下防护装置。

8. 车床运转不正常，有异声或异常现象，轴承温度过高时，要立即停车检查。

9. 禁止高速反刹车，退车和停车要平稳。车床未停稳，禁止在车头上取工件或测量工件。

10. 工作场地保持整洁。刀具、工具、量具要放在规定地方，床面上禁止放各种物品。

11. 工作结束后，应擦净车床，在导轨面上加润滑油，并将尾座和溜板箱推到床身最右端；用刷子或专用钩清除铁屑，最后关闭车床电门，断开电源。

项目 4　炭石墨材料物理性能的测定

任务 1　煅后焦体积密度和真密度的测定

工单编号：	姓名：	班级：
面向专业：炭材料工程技术	学号：	学时：2 学时

教学目标

1. 掌握煅后焦体积密度和真密度的测定方法。
2. 能进行煅后焦体积密度和真密度测试操作。
3. 具备安全责任意识、分析解决问题能力和精益求精的工匠精神。

每课一句

认真仔细，以梦为马，行远自迩。

任务要点

一、煅后焦体积密度的测定（振实法）

1. 方法原理

体积密度取决于颗粒的尺寸、形状和气孔率。通过测定已知质量试样在振动后的体积，由已知质量除以测定的体积来计算。

2. 仪器和设备

（1）体积密度的测量装置：如图 4-1 所示。

（2）测量筒：质量为 190 g±5 g，刻度为 0~250 mL，精确至±1 mL。

（3）圆筒固定器：质量为 450 g±5 g 导向活塞。

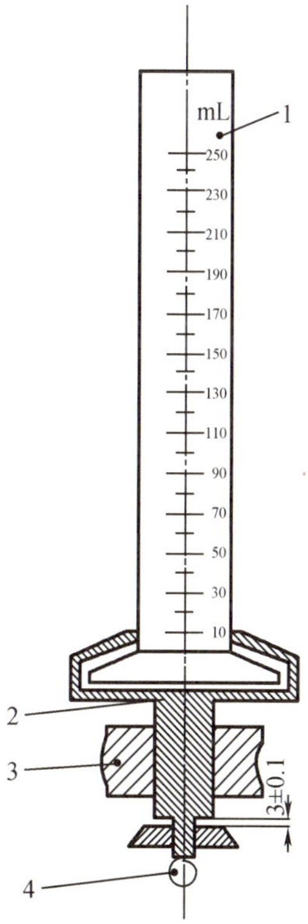

1—量筒；2—圆筒；3—固定夹；4—凸轮。

图 4-1　体积密度测量装置

(4)敲击装置:能提升和下降活塞 250 次/min±15 次/min。

(5)试验筛:筛孔直径 8.0 mm、4.0 mm、2.0 mm、1.0 mm、0.5 mm、0.25 mm。

(6)烘箱:温度控制在 110 ℃±5 ℃。

(7)进料器:以控制的方式向测量筒中进料。

3. 制样

将样品在烘箱中 110 ℃±5 ℃烘干 2 h,在干燥器中冷却后,用试验筛将试样分成如下几部分:4.0 mm~<8.0 mm、2.0 mm~<4.0 mm、1.0 mm~<2.0 mm、0.5 mm~<1.0 mm、0.25 mm~<0.5 mm,可用以上粒度范围中的任一部分来测定体积,但需要在检测报告中注明。

4. 取样

称取约 100 g 试样,精确至 0.01 g。用不同部分试样独立地进行两次测定,取其平均值。

【煅后焦体积密度的测定】

5. 测定步骤

(1)组装好体积密度装置,确保测量筒垂直。

(2)将试样倒入进料器。启动进料器,同时开始敲击装置,在 45 s±15 s 内将试样平稳地移入测量筒中,保持敲击共 1 500 次。

(3)记录试样体积,精确到 1 mL。

6. 计算

按公式计算体积密度:

$$\rho_t = \frac{m}{V} \tag{4-1}$$

式中 ρ_t——试样的体积密度,g/cm^3;

m——试样的质量,g;

V——试样的体积,cm^3。

7. 精密度

(1)重复性:在重复性条件下获得的两次独立测试结果的差值不大于 0.02 g/cm^3。

(2)再现性:在再现性条件下,两次测定结果的差值不大于 0.05 g/cm^3。

二、煅后焦真密度的测定

1. 方法原理

试样置于蒸馏水中煮沸排气后,用比重瓶测定一定温度下的密度。

2. 试剂

(1)无水乙醇:95%。

(2)丙酮。

(3)重铬酸钾。

3. 仪器和设备

(1)比重瓶:容积 25 mL 和 50 mL,瓶颈内径 3.5~4.5 mm。

(2)恒温水浴:温度可控制在 25 ℃±0.5 ℃。

(3)分析电子天平:精度 0.000 1 g。

(4)烘箱:温度可控制在 110 ℃±5 ℃。

(5)干燥器:内装干燥剂。

4. 制样

将约 15 g 试样用研钵研磨(研钵需用硬质材料,如玛瑙、碳化钨、碳化硅),直至全部通过 0.15 mm 的筛子,将研磨好的样品放入烘箱中于 110 ℃±5 ℃烘干 2 h,取出放入干燥器内备用。

5. 取样步骤

称取 3.0 g 试样,精确至 0.000 1 g。独立地进行两次测定,取其平均值。

6. 测定步骤

(1)比重瓶的标定

与制样测定时一致的温度下进行。

将比重瓶浸泡在浓硫酸重铬酸钾饱和溶液中,浸泡 2 h 取出,用水冲洗,再分别用无水乙醇和丙酮洗涤,最后用蒸馏水清洗,置于烘箱中干燥 1 h,取出,置于干燥器中,冷却 30 min,称量,精确到 0.000 1 g;重复干燥,称量至恒重。

将无气泡蒸馏水加入比重瓶,将比重瓶和移液管同置于恒温水浴中,水浴水面应稍高于比重瓶的刻度线。在恒定温度下恒温 20 min,在比重瓶未取出水浴的情况下,用滤纸或滴瓶调整蒸馏水液面至刻线处(如用毛细管比重瓶,应立即盖好瓶塞),取出比重瓶,用洁净毛巾仔细擦干比重瓶的外部,迅速称其质量,精确至 0.000 1 g。反复测定几次,至少有 3 次以上比重瓶和水的总质量 m_3 称量误差不大于 0.002 0 g,取其平均值,即为比重瓶和水的总质量 m_3(该值每两个月标定 1 次)。

(2)试样真密度的测定

将试样置于清洁的已标定的比重瓶中,注入无气泡蒸馏水至瓶 2/3 处,砂浴煮沸 3 min,此时不允许试样溅出,取下比重瓶后,注入无气泡蒸馏水于刻线处,同注入蒸馏水的滴瓶一同放入恒温水浴中,在与标定装有试料和蒸馏水的比重瓶一致的温度下保持 30 min,用滤纸或滴瓶调整蒸馏水液面至刻线处,(如用毛细管比重瓶,应立即盖好瓶塞),取出后用洁净毛巾仔细擦干瓶外部,迅速称其质量,精确至 0.000 1 g。

【煅后焦真密度的测定】

7. 计算

按下式计算试样的真密度 ρ(单位为 g/cm^3):

$$\rho=\frac{m_2}{\dfrac{m_1+m_2-m_3}{\rho_0}} \tag{4-2}$$

式中　m_1——比重瓶的水质量,g;

m_2——试料的质量,g;

m_3——装有试料和蒸馏水的比重瓶的总质量,g;

ρ_0——标定比重瓶时水的密度,g/cm^3。

8. 精密度

(1)重复性:在重复性条件下获得的两次独立测试结果的差值不大于 0.02 g/cm^3。

(2)再现性:在再现性条件下,两次测定结果的差值不大于 0.04 g/cm^3。

任务实施

做一做:对煅后焦体积密度和真密度测定操作。

纠错

纠一纠:教师对学生煅后焦体积密度和真密度测定操作进行纠错点评。

评价

评一评:以过程性考核为主,关注学生个体增值,根据实际可增加评价主体,完善评价体系。

评价指标		评价主体		
一级指标	二级指标	学生自评	学生互评	教师评价
知识目标	掌握煅后焦体积密度的测定方法			
	掌握煅后焦真密度的测定方法			
能力目标	能进行煅后焦体积密度的测定操作			
	能进行煅后焦真密度的测定操作			
	能进行数据处理			
素质目标	具备安全责任意识和团结协作精神			
	具备分析解决问题能力和精益求精的工匠精神			

思考与讨论

请说明真密度和体积密度的概念区别。

任务拓展

归纳总结煅后焦真密度和煤沥青密度测试方法,并上传教学平台。

总结反思

课后阅读

体积密度测定仪操作规程

1. 型号:ISPC-12 型。

2. 用途:用于煅后石油焦体积密度的测定。

3. 主要技术参数

(1)量筒容积:250 mL。

(2)最小刻度:1 mL。

(3)给料器振动频率:50 Hz。

(4)振幅:无级可调。

(5)送料精度:≤6 g/min。

(6)最大送料颗粒:直径 12 mm。

(7)圆筒固定器质量:450 g±5 g。

(8)振动频率:250±15 次/min。

(9)工作电压:220 V。

(10)功率:180 W。

(11)重复性:$r=0.02\ g/cm^3$。

(12)再现性:$R=0.05\ g/cm^3$。

4. 方法原理

体积密度取决于颗粒的尺寸、形状和气孔率,通过测定已知质量试样在振动后的体积,由已知质量除以测定的体积来计算。

5. 制样

试样在 110±5 ℃下烘干 2 h,在干燥器中冷却,用试验筛分成以下几部分:

4.0 mm~<8.0 mm

2.0 mm~<4.0 mm

1.0 mm~<2.0 mm

0.5 mm~<1.0 mm

0.25 mm~<0.5 mm

可任选上述范围内的任一部分试样测定体积密度,在报告中注明。

6. 操作规程

(1)按照 YS/T 587.10—2006 要求取样。

(2)检查线路连接是否完好。

(3)将玻璃量筒放到振实机构上，将下量筒压盖从量筒顶端放入并用弹簧卡固定。

(4)空载运行：接通电源，按振实机构启动按钮，检查振实机构和计数显示是否正常；操作微型精确给料机，按下运行键，检查各个功能键运行是否正常。

(5)称取 100 g 试样，精确至 0.01 g。

(6)将试样放入微型精确给料机加料漏斗中。

(7)预调节给料时间。

(8)根据标准要求，100 g 样品需在规定时间内输送完毕，调节方法如下：按时间继电器调节键设定运行时间为 45 s，按运行键启动振动给料机，同时调节振幅键改变给料速度，使 100 g 试样在 45 s±15 s 均匀加料到量筒中，按暂停键停止微型振动给料机。

微型精确给料机面板按键说明：

(9)再次启动微型精确给料机的同时按下振实机构启动按钮，启动振实机构，振动 1 500 次后振实机构自动停止运行。

(10)读取量筒试样体积，精确到 1 mL。

(11)结果计算。按下式计算密度：

$$\rho=\frac{m}{V}$$

式中 ρ——试样的密度，g/cm^3；

m——试样的质量，g；

V——试样的体积，cm^3。

(12)试验完毕，清洁设备和工作场所。

7. 安全技术规程

(1)设备应接地线。

(2)设备使用前必须检查线路连接是否符合设备要求，有无短路、漏电等现象。

(3)试验过程中如出现故障，应立即停止试验，必要时断电，并通知专职人员进行修理。不清楚故障情况，不得擅自处理。

(4)禁止任意拆卸设备，改装设备及线路。

8. 维护保养规程

(1)定期检查线路的连接是否完好。

(2)试验前后应进行清扫，保持环境和设备清洁。设备不用时，应用保护罩盖好。

任务2 炭素制品表观密度和真密度的测定

工单编号:	姓名:	班级:
面向专业:炭材料工程技术	学号:	学时:2学时

教学目标

1. 掌握炭素制品表观密度和真密度的测定方法。
2. 能进行炭素制品表观密度和真密度测定操作。
3. 具备安全环保责任意识、分析解决问题能力和精益求精的工匠精神。

每课一句

每项操作求精益,检测数据有保障。

任务要点

一、炭素制品表观密度的测定(尺寸法)

通过测量待测样品的几何体积和质量计算其表观密度,再通过表观密度和二甲苯中的密度计算全气孔率。

1. 仪器

(1)电子天平:待测样品质量不小于100 g时,感量0.1 g;待测样品质量小于100 g时,感量0.01 g。

(2)卡尺:待测样品尺寸不小于30 mm时,精度0.05 mm;待测样品尺寸小于30 mm时,精度0.01 mm。

2. 取样

底部炭块、侧部炭块和预焙阳极分别按照YS/T 62.1、YS/T 62.2和YS/T 62.3取样,试样采用圆柱体试样,尺寸为ϕ50 mm×130 mm。阴极糊按照YS/T 62.4取样,再按照YS/T 63.1焙烧后取样。采用圆柱体试样,尺寸为ϕ50 mm×50 mm。

【注】 样品体积应至少达到1×10^5 mm^3。取样所用的装置(如钻床或锯床)对测量结果的准确性有很大影响。

3. 测定步骤

(1)试样尺寸的测量

①沿圆柱体试样的圆周每间隔90°测量其高度,再分别在试样的两端、长度的1/3和2/3处测量其直径。

②计算高度的 4 个测量值的算术平均值 $\overline{h}$,计算结果精确至小数点后两位数字。

③按照直径的 4 个测量值分别计算面积,然后计算面积的算术平均值 $\overline{A}$,计算结果精确至小数点后两位数字。

④按照几何公式 $V=\overline{A}\cdot\overline{h}$ 计算待测试样的体积。体积不小于 $1\times10^5\ mm^3$ 时,精确至 $10\ mm^3$;体积小于 $1\times10^5\ mm^3$ 时,精确至 $10\ mm^3$。

(2)测量干燥试样的质量

在 110 ℃±5 ℃下烘干试样 2 h 以上直至质量恒定,或每间隔 5 min 称量,其质量变化小于 0.1%。

在干燥器中将试样冷却至室温,称量其质量 m。

4. 计算

(1)表观密度的计算

按下式计算表观密度 ρ_a:

$$\rho_a=\frac{m}{V} \tag{4-3}$$

式中 ρ_a——表观密度,g/mm^3;

m——干燥试样的质量,g;

V——计算的体积,mm^3。

计算结果精确至小数点后两位数字。

(2)全气孔率的计算

按下式计算全气孔率 ε_T:

$$\varepsilon_T=\frac{\rho_d-\rho_a}{\rho_d}\times100\% \tag{4-4}$$

式中 ρ_d——试样在二甲苯中的密度(按照 YS/T 63.8 的规定测定而得),g/mm^3;

ρ_a——试样的表观密度,g/mm^3。

计算结果精确至小数点后一位数字。

二、炭素制品真密度的测定(YS/T 63.9—2012 氦比重计法)

1. 方法原理

经真空脱气,在比重瓶中测定铝用炭素材料在二甲苯中的密度。

2. 试剂

(1)在测定过程中,除非特别指明,只用分析纯试剂和蒸馏水(或纯度相当并经煮沸 1 h 脱气的水)。

(2)乙醇:95%(体积分数)。

(3)丙酮。

(4)硫酸($\rho\approx1.84$ g/mL):98%(质量分数)溶液。

(5)二甲苯($\rho\approx0.86$ g/mL):工业纯。

【注】　二甲苯可烧伤皮肤，还可透过皮肤吸收。应当在通风橱内进行操作，以避免吸入挥发物。

3. 仪器和设备

(1)比重瓶：容积 25 mL。

(2)脱气装置：如图 4-2 所示，包含下列部件。

盛比重瓶的容器：由一个玻璃烧杯、可移动的盖、O 形环组成，可盛下不带塞子的比重瓶。出口和真空泵(图中未标出)相连。

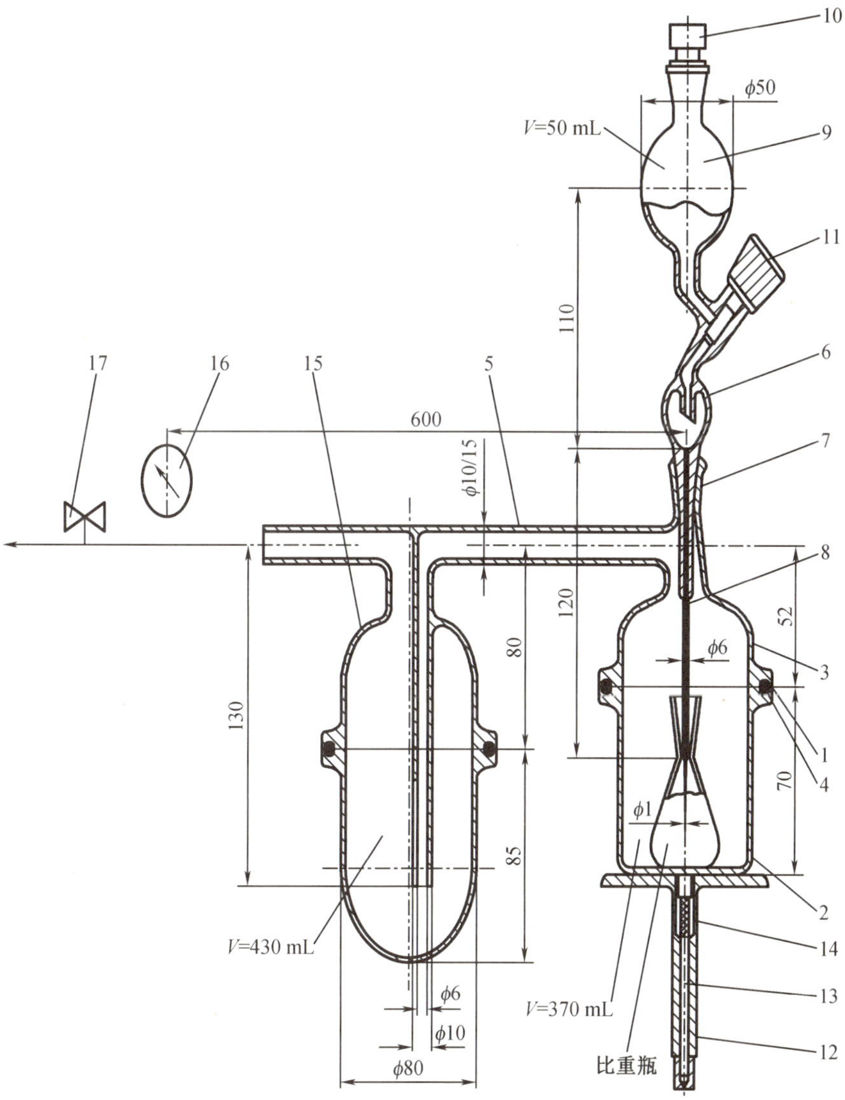

1—容器；2—玻璃烧杯；3—盖子；4—O 形环；5—出口；6—注入装置；7—磨口连接；8—管子；9—贮液器；10—磨口塞；11—特弗龙阀；12—支撑台；13—导杆；14—弹簧；15—油缓冲器；16—压力表；17—阀。

图 4-2　脱气装置示意图

注入装置:通过磨口玻璃连接。一根管子伸至比重瓶内部。带有磨口塞的贮液池容纳着可以通过特弗龙阀流进比重瓶的液体。

支撑台:当没有连接脱气装置脱气时,支撑整个玻璃烧杯。玻璃烧杯放在一个带有弹簧的导杆上面,在脱气的过程中通过它的摇动来加速气泡的排出。

整套装置都是玻璃的。循环泵和脱气装置的出口通过一个油缓冲器相连。在循环泵和油缓冲器的真空系统上连接有一个压力表。真空装置需要调整使压力表显示为 1.3 kPa ±0.3 kPa,压力表与容器的注入装置之间连接点的距离大约为 600 mm。阀能使空气能返回脱气装置,但这个步骤必须缓慢且小心。

【注】 在压力 1.3 kPa±0.3 kPa 和室温 25 ℃时,到达平衡状态前二甲苯可能会有少量的蒸气逸出,但这对结果没有什么影响。也可使用与上述设备具有同样特性的设备进行测定。

(3)干燥箱:温度可以保持 110 ℃±5 ℃。

(4)恒温水浴锅:温度可以保持 25 ℃±0.05 ℃。

(5)磨样机:可以把样品磨碎到粒度 63 μm 以下。与样品接触的部件应由硬金属制成,以防污染。

(6)颚式破碎机。

4. 取样

底部炭块、侧部炭块和预焙阳极分别按照 YS/T 62.1、YS/T 62.2 和 YS/T 62.3 取样。

阴极糊按照 YS/T 62.4 取样,再按照 YS/T 63.1 焙烧后取得试样。

5. 测定步骤

(1)称量均精确至 0.1 mg。称量充有液体的比重瓶之前,使其在恒温水浴锅中稳定在 25 ℃±0.05 ℃。

(2)试样的制备

按照取样方法取样,用颚式破碎机将其破碎成小块。

用磨样机把试样磨碎到粒度 63 μm 以下。将其保存在一个密封的容器中以备测定。在测定前,将试样放入干燥箱中 110 ℃±5 ℃下烘干 2 h,然后放入带有硅胶的干燥器中冷却。

【注】 可通过确定每种试样达到所需粒度时磨样机的参数来避免每次测定都要检验试样的粒度。

(3)比重瓶的校准

比重瓶一般是在 20 ℃下校准的,但本方法测定温度是 25 ℃,因此要在此温度下对比重瓶重新校准。

测定比重瓶的质量:采取必要的防护措施,用温热的浓硫酸溶液洗涤比重瓶,再按以下顺序仔细漂洗干净:先用自来水,然后用蒸馏水,再用乙醇,最后用丙酮漂洗。称量完全干燥的比重瓶的质量精确至 0.1 mg(m_0)。

比重瓶容积的测定:

①将比重瓶用蒸馏水注满,用磨口玻璃塞塞紧,并将溢出的水用滤纸擦净,在 23 ℃~

24 ℃下脱气。

②将充满水的比重瓶放入恒温水浴锅中加热至25 ℃±0.05 ℃。在加热过程中，小心地将溢出毛细管的液体用滤纸擦掉，当不再有液体出来时，说明比重瓶已达到水浴的温度。取出比重瓶仔细擦干，为了防止由于吸收手上的热使比重瓶中液体溢出，可以在擦干之前用冷水或丙酮使其暂时变冷。比重瓶的外壁必须完全干燥，才能称量比重瓶，精确至0.1 mg（m_1）。

③按下式计算比重瓶的容积 V：

$$V=\frac{m_1-m_0}{0.997\ 05} \tag{4-5}$$

式中　V——比重瓶的容积，mm^3；

m_0——空比重瓶的质量，mg；

m_1——已经脱气的蒸馏水的质量，mg；

0.997 05——25 ℃下水的密度，g/cm^3。

④重复测定10次，取其算术平均值。单个测量值与平均值之差不得超过±1.5 mm^3。计算结果保留至1 mm^3。

【注】　比重瓶的容积应每几天测定几次以消除外界因素的影响，如恒温水浴锅温度的微小变化。

校准周期：每3个月重复校准比重瓶一次，质量 m_0 应恒定在±1 mg。

注意：由于没有容积完全相同的两个比重瓶，因此每个比重瓶都要单独校准。尽管每次都要检查比重瓶的质量，但在一系列的连续测定中没有必要每次都检查其容积。

（4）二甲苯密度的测定

依据测定的数值，按公式计算二甲苯的密度 ρ_x：

$$\rho_x=\frac{m_2-m_0}{V}\times 10^{-3} \tag{4-6}$$

式中　ρ_x——二甲苯的密度，g/mm^3；

m_2——比重瓶和二甲苯的质量，mg；

m_0——空比重瓶的质量，mg；

V——比重瓶的容积，mm^3。

选取不在同一天测定的10次结果的平均值作为最终计算结果，以消除外界因素的影响。

（5）试样密度的测定：称取试样5 g±0.1 g，精确至0.1 mg（m_3），置于已准备的清洁、干燥的比重瓶中测定。

【注】　如果室温超过30 ℃，则停止以下测定。

①将带有试样的比重瓶（不带塞子）放入脱气装置的容器中。在加入二甲苯之前，抽真空使剩余压力为1.3 kPa±0.3 kPa（此压力可保证±0.004 g/mL的重复性）。

②逐滴向比重瓶中加入二甲苯，直至覆没试样至少20 mm。继续抽真空，间断摇动比重瓶和支架，直至不再排出气泡，通常此过程需60 min。

③缓慢使空气进入脱气装置,取出比重瓶,填充二甲苯直至稍低于基线。

④静置至少 30 min,完全注满二甲苯,插入瓶塞。擦干溢出的液体。

⑤重复之前的操作,称量装有试样和二甲苯的比重瓶的质量,精确至 0.1 mg(m_4)。

6. 计算

按下式计算试样在二甲苯中的密度 ρ_d:

$$\rho_d=\frac{m_3}{1\,000V-\dfrac{m_4-(m_0+m_3)}{\rho_x}} \tag{4-7}$$

式中 ρ_d——试样在二甲苯中的密度,g/mm^3;

ρ_x——二甲苯的密度,g/mm^3;

m_0——空比重瓶的质量,mg;

V——比重瓶的容积,mm^3。

m_3——试样的质量,mg;

m_4——装有试样和二甲苯的比重瓶的质量,mg。

计算结果精确至小数点后三位数字。

任务实施

做一做:对炭素制品表观密度和真密度测定操作。

纠错

纠一纠:教师对学生炭素制品表观密度和真密度测定操作进行纠错点评。

评价

评一评:以过程性考核为主,关注学生个体增值,根据实际可增加评价主体,完善评价体系。

评价指标		评价主体		
一级指标	二级指标	学生自评	学生互评	教师评价
知识目标	掌握炭素制品表观密度的测定方法			
	掌握炭素制品真密度的测定方法			
能力目标	掌握炭素制品表观密度的测定方法			
	掌握炭素制品真密度的测定方法			
	能进行数据处理			

续表

评价指标		评价主体		
一级指标	二级指标	学生自评	学生互评	教师评价
素质目标	具备安全责任意识和团结协作精神			
	具备能说会做善评的能力和精益求精的工匠精神			

思考与讨论

1. 一块直径为 300 mm 的圆柱形电极骨料，加工后的试样尺寸为直径 ϕ10 mm×120 mm，将试样放入 105~110 ℃烘箱内烘干后三次称量的空气中的干重分别为 45.51 g、45.53 g、45.49 g。将试样置于 25 ℃水中称量其在水中的平均质量为 36.87 g。将试样从水中取出称量其在空气中的湿重平均值为 45.78 g。（25 ℃下水的密度为 0.997 05 g/cm^3）

求：(1)试样的体积密度；(2)试样的真密度。

2. 为测定某炭素材料的真密度，实验室的工作人员采用比重瓶法进行测定。根据比重瓶法的测定方法，测出如下数据：比重瓶的质量为 25.005 g，比重瓶的水质量为 49.996 g，比重瓶和二甲苯的质量为 46.817 g，称取的试样质量为 10.007 g。装入试样，加入二甲苯抽真空后比重瓶质量为 53.920 g。求试样的真密度 D_t。（以上数据均为至少三组质量的平均值，25 ℃下水的密度为 0.997 05 g/cm^3）

任务拓展

归纳总结炭素制品表观密度和真密度的测试要点,并上传教学平台。

总结反思

课后阅读

生坯密度不均匀的原因

1. 炭素糊料具有热塑性及一定黏弹性,传递压力的能力不如液体,压力在糊料中呈递减趋势,导致生坯密度不均匀。

2. 糊料与模壁的摩擦以及糊料颗粒间的摩擦导致压力损失,使压力分布不均匀,进而导致密度不均匀。

3. 糊料中不等轴颗粒在生坯表层和内部的定向性存在差异,影响了生坯密度的均匀性。

项目 5　炭石墨材料力学性能的测定

任务 1　炭素制品耐压强度和抗折强度的测定

工单编号:	姓名:	班级:
面向专业:炭材料工程技术	学号:	学时:2 学时

教学目标

1. 掌握炭素制品耐压强度和抗折强度的测定方法。
2. 能进行炭素制品耐压强度和抗折强度测定操作。
3. 具备安全责任意识、能说会做善评的能力和精益求精的工匠精神。

每课一句

困难像弹簧,你强它就弱,你弱它就强。

任务要点

一、炭素制品耐压强度的测定

1. 方法原理

采用圆柱形试样,在万能试验机(图 5-1)上施加压力,通过试样破坏时的载荷与试样的横截面积计算耐压强度。

2. 仪器和设备

(1)游标卡尺:测量范围 0~200 mm,精度 0.02 mm。

(2)试验机:精度 0.5 级。

(3)烘箱:温度可控制在 110 ℃±5 ℃。

3. 取样及制样

(1)底部炭块、侧部炭块、预焙阳极、阴极糊分别按 YS/T 62.1、YS/T 62.2、YS/T 62.3、YS/T 62.4 的规定进行取样。

(2)取样后,将底部炭块、侧部炭块、预焙阳极的试样加工为 ϕ50×50 mm 的圆柱体。对于阴极糊试样，取样后按照 YS/T 63.1 焙烧，再进行耐压试验。

（3）将试样置于烘箱中，于 110 ℃±5 ℃下干燥至少 2 h，取出冷却，备用。

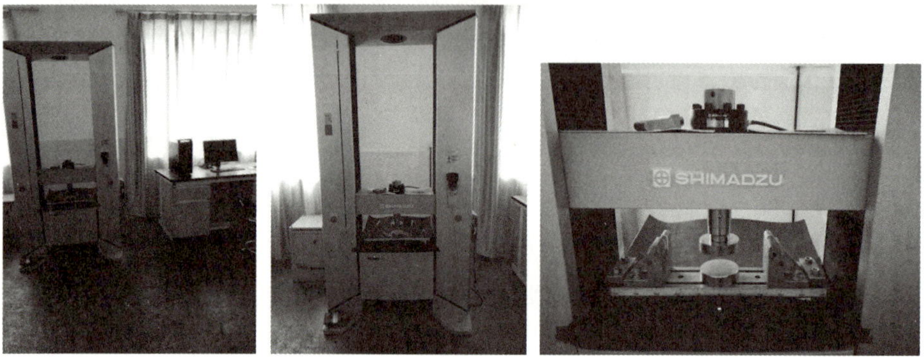

(a) (b) (c)

图 5-1 万能试验机和抗压强度测试模具

4. 测定步骤

（1）试样尺寸的测量

沿试样的轴向用游标卡尺测量直径 6 次，取其算术平均值。

（2）载荷的测量

将试样放在试验机工作面中心处，试验机以 0.5 N/(mm^2·s)的速度，连续、无冲击性地施加荷重，直至试样破坏为止，记录试样破坏时的载荷。

【炭素制品耐压强度的测定】

5. 计算

根据下式计算试样的耐压强度 δ_c：

$$\delta_c = \frac{4F}{\pi d^2} \tag{5-1}$$

式中 δ_c——试样的耐压强度，MPa；

F——试样破坏时的载荷，N；

d——试样直径的平均值，mm。

二、炭素制品抗折强度的测定（三点法）

1. 方法原理

将试样放在两个支撑座上，并在中间施加压力直至断裂。抗折强度 S_B 通过断裂时的负荷、两支撑座间的距离以及试样横截面积计算出来，即折断时的弯曲力矩 M_d 和阻力矩 M_R 之商（折断时的弯曲力矩是由试样断裂时试验机的最大载荷示值计算出来的最大弯曲力矩，对于炭素材料来说，最大载荷和断裂时的载荷是相近的）。

2. 仪器和设备

（1）选择以下试验设备之一：

①抗压强度试验机；

②万能试验机；

③抗折/剪切强度试验机。

支撑座和中间压头曲率半径应为5～10 mm。

(2)游标卡尺：在试样的尺寸范围内绝对误差为0.5%。

3. 取样

底部炭块和预焙阳极分别根据YS/T 62.1和YS/T 62.3取样。

4. 试样制备

(1)试样数量

平行测试两个试样。

(2)制样

采用圆柱体试样。试样直径为50 mm±5 mm，长度不小于130 mm。试样加工后应当平整无缺陷。试样在整个长度方向上直径应该一致，并且两个端面平行。

5. 测定步骤

(1)如图5-2所示，将第一个试样放到试验机上，调节两个支点的距离 l_s 至100 mm±0.1 mm。在20～30 ℃下进行测试。选择或调节试验机的测量范围，以便使试样断裂时预期的载荷至少为量程的1/10。

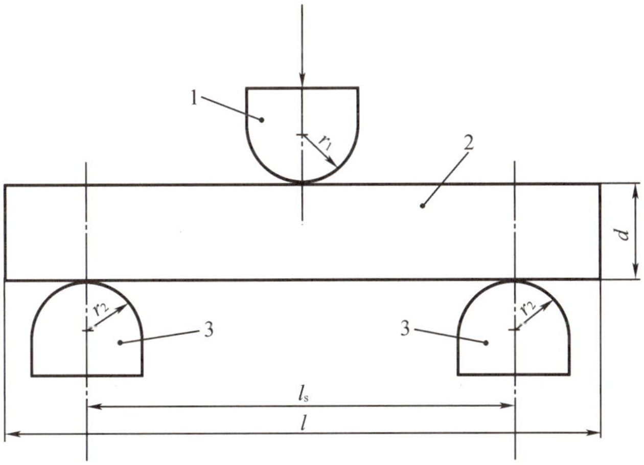

1—压头；2—试样；3—支撑座；l—试样长度；d—试样直径；l_s—两支点距离；r_1—压头半径；r_2—支撑头半径。

图5-2　三点试验装置

(2)把试样放在支撑座的中间并使试样沿长度方向的轴线与支撑座成90°，保证压头施加的压力与试样沿长度方向的轴线成90°稳定均匀地施加压力，使压头以0.2 MPa/s的速度加压直至试样断裂，记下断裂时的载荷 F。

【炭素制品抗折强度的测定】

(3)对另一个试样进行同样的测定。

6. 计算

按下式计算抗折强度 S_B：

$$S_B = 8 \times \frac{Fl_s}{\pi d^3} \tag{5-2}$$

式中 S_B——抗折强度，MPa；

F——断裂时的载荷，N；

l_s——两支点距离，mm；

d——试样的直径，mm。

最后结果为两次平行测定值的算术平均值，精确至小数点后两位。

任务实施

做一做：对炭素制品耐压强度和抗折强度测定操作。

纠错

纠一纠：教师对学生炭素制品耐压强度和抗折强度测定操作进行纠错点评。

评价

评一评：以过程性考核为主，关注学生个体增值，根据实际可增加评价主体，完善评价体系。

评价指标		评价主体		
一级指标	二级指标	学生自评	学生互评	教师评价
知识目标	掌握炭素制品耐压强度的测定方法			
	掌握炭素制品抗折强度的测定方法			
能力目标	能进行炭素制品耐压强度的测定操作			
	能进行炭素制品抗折强度的测定操作			
	能进行数据处理			
素质目标	具备安全责任意识和团结协作精神			
	具备能说会做善评的能力和精益求精的工匠精神			

思考与讨论

采用三点法测试圆柱试样的抗折强度，某试样尺寸为 $\phi(20\pm0.1)$ mm×(160 ± 0.1) mm，最大负荷 P 为 400 kN；两支点距离为 120 mm。试计算抗折强度。

任务拓展

归纳总结炭素制品耐压强度和抗折强度的测试要点，并上传教学平台。

总结反思

课后阅读

机械强度及影响因素

1. 常见的机械强度

(1)抗压强度:当外力为压力时,物体被压碎瞬间的极限抵抗能力。

(2)抗弯强度:当外力与物体轴线相垂直时,物体受外力作用从弯曲到折断瞬间的极限抵抗能力。

(3)抗拉强度:当外力为拉力时,物体被拉断瞬间的极限抵抗能力。

2. 炭材料机械强度的影响因素

(1)颗粒强度系数;

(2)配料;

(3)黏结剂;

(4)煅烧。

任务2　炭素制品杨氏模量的测定

工单编号:	姓名:	班级:
面向专业:炭材料工程技术	学号:	学时:2学时

教学目标

1. 掌握炭素制品杨氏模量的测定方法;
2. 能够进行炭素制品杨氏模量的测定操作;
3. 具备安全责任意识、分析解决问题能力和精益求精的工匠精神。

每课一句

有问题不可怕,怕的是对问题视而不见。

任务要点

杨氏模量的测定——静测法

本法规定了在10~35 ℃范围内底部阴极炭块、预焙阳极杨氏模量的测定方法。

1. 方法原理

杨氏模量(即杨氏弹性模量)是材料在外力作用下,在弹性变形区域内应力与压缩或伸长形变之间关系的量度,其数值为试样横截面所受正应力(σ)与所产生的应变(ε)之间的比值,以E表示,可以用于表征材料抵抗纵向弹性变形的能力。炭素材料增加负荷后,在弹性变形阶段服从虎克定律,即炭素材料在弹性变化限度内,应力与应变的关系为直线,所受的应力与它所产生的应变成正比。根据这一定律,平稳缓慢地增加载荷,施加压力于试样一段时间后,测得直线阶段(应力-应变弹性区域内)试样所受的负荷及相应长度的变化量,通过式(5-3)计算出杨氏模量。

$$E=\sigma/\varepsilon \tag{5-3}$$

式中　E——材料的杨氏模量,GPa;

σ——材料在外力作用下单位面积上所受的作用力,GPa;

ε——材料因受外力作用而产生的相对伸长量(即形变),%。

2. 仪器和设备

(1)试验设备:指能测量材料应力与应变的设备,一般由加力设备、测压仪、测变形仪器、数据处理器(如计算机、微处理器)等组成,由加力设备施加压力于样品,使用测压仪测量压力,使用测变形仪器测量样品的形变,使用数据处理器测量、收集、计算数据,并得到测试结果。其中加力设备是能提供适合于静载荷的压力加载系统（根据最大载荷确定相适应的量程）；测压仪是能反映出作用于试样上载荷的数值的测力、示值系统（根据最终载荷确定测力最大刻度）；测变形仪器是能测量试样在弹性范围内微小变形量的仪器（量程与最终变形量相适应，测量精度为 1 μm）。

（2）长度测定设备：游标卡尺或千分尺。

3. 取样及试样制备

（1）底部阴极炭块和预焙阳极分别按照 YS/T 62.1 和 YS/T 62.3 取样。钻取圆柱体试样，直径为 50 mm±2 mm，长度为 50 mm±0.1 mm，试样长度方向上直径一致，两端面平行。

（2）将试样在 120 ℃±5 ℃下烘干 12 h，然后冷却至室温。

4. 测定步骤

（1）试样尺寸的测量

①在试样两端和长度的 1/3 和 2/3 处分别测量其直径，按照直径的 4 个测量值分别计算面积，然后计算面积的算术平均值 $\overline{A}$，计算结果精确至小数点后两位数字。

②沿圆柱体试样的圆周每间隔 90°测量其长度，计算长度 4 个测量值的算术平均值 $\overline{L}_0$，计算结果精确至小数点后两位数字。

（2）测量

①将试样放在受压中心位置，稳定均匀地施加压力，加压速度为 1/3 mm/s。

②首先进行预压，第一次增加压力至 10 kN，去除切割时造成的毛刺（会影响弹性系数的测试结果），然后卸载。

③接着第二次增加压力至 30 kN，在压力为 10~30 kN 时进行测量，然后卸载，在此期间，对应每一个压力 p，试样都有相对于原始长度 $\overline{L}_0$ 的一个变形量 ΔL，压力 p 与变形量 ΔL 之间呈直线关系，如图 5-3 所示。在压力为 10~30 kN 时，任取一个测量点 t，测量该点试样所受的压力 p_t 和变形量 ΔL_t（即试样的原始长度 $\overline{L}_0$ 和压缩后的长度 L_t 之差。）

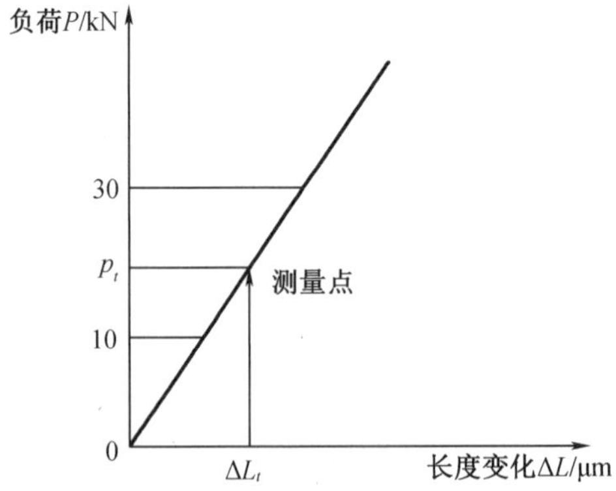

图 5-3　压力 p 与长度变化量 ΔL 的关系曲线图

上述两次加压压力和杨氏模量的测量如图 5-4 所示。

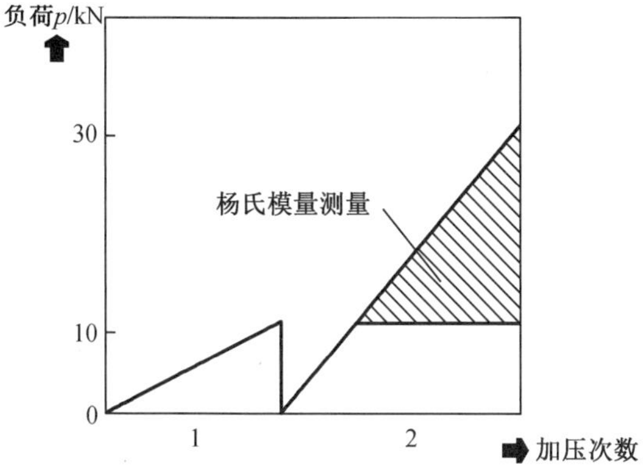

图 5-4　测定设备 2 次加压压力操作示意图

【杨氏模量的测定】

5. 计算

根据第二次加压测得的压力 p_t 与试样的变形量 ΔL_t，按式(5-3)计算杨氏模量 E：

$$E=\frac{\sigma}{\varepsilon}=\frac{\dfrac{p_t}{\overline{A}}}{\dfrac{\Delta L_t}{\overline{L}_0}}=\frac{p_t\overline{L}_0}{\overline{A}\Delta L_t} \tag{5-3}$$

式中　E——测量的杨氏模量，GPa；

p_t——测试开始后，测量点 t 的压力，kN；

$\overline{L}_0$——测试前试样的初始长度，mm；

$\overline{A}$——试样的截面积，mm^2；

ΔL_t——测试开始后，相应于 p_t 时的试样初始长度与测量点 t 的试样长度的差值，mm。

计算结果精确至小数点后一位数字。

任务实施

做一做：对炭素制品杨氏模量进行测定操作。

纠错

纠一纠：教师对学生炭素制品杨氏模量测定操作进行纠错点评。

评价

评一评：以过程性考核为主，关注学生个体增值，根据实际可增加评价主体，完善评价体系。

评价指标		评价主体		
一级指标	二级指标	学生自评	学生互评	教师评价
知识目标	掌握炭素制品杨氏模量的测定方法			
能力目标	能进行炭素制品杨氏模量的测定操作			
	能进行数据处理			
素质目标	具备安全责任意识和团结协作精神			
	具备分析解决问题能力和精益求精的工匠精神			

思考与讨论

请说明炭材料杨氏模量的特点。

任务拓展

归纳总结炭素制品杨氏模量的测试要点,并上传教学平台。

总结反思

课后阅读

成型压制出来的生坯冷却的必要性

成型机生产出的生坯是由可塑性糊料构成的,内含黏结剂煤沥青呈现黏稠状态,生坯形状和尺寸还不稳定,因此,生坯离开成型机后要立即淋水并浸泡在凉水中冷却,使生坯温度降至沥青软化点以下。沥青重新冷却凝固成固态,使生坯形体稳定下来,这样生坯就不会弯曲和变形。

冷却水温度不应高于 30 ℃,一般情况下,大规格毛坯在凉水中浸泡 3~5 h,中小规格毛坯浸泡 1~3 h,毛坯就可充分冷却。夏季压出的生坯冷却时间应长一些。

项目6 炭石墨材料电学性能的测定

任务1 煅后焦粉末电阻率的测定

工单编号：	姓名：	班级：
面向专业：炭材料工程技术	学号：	学时：2学时

教学目标

1. 掌握煅后焦粉末电阻率的测定方法。
2. 能够进行煅后焦粉末电阻率的测定操作。
3. 具备安全责任意识、能说会做善评的能力和精益求精的工匠精神。

每课一句

信念是生命的强度，越信越强。

任务要点

煅后焦粉末电阻率的测定

1. 方法原理

将要测试的颗粒料，置入一个圆柱形的上部和底部带有两个电极片的试样筒中。在试样两端施加一定的压力，确保试样与电极片接触良好并通上直流电流。测出颗粒柱的电压降和颗粒柱的高度，计算电阻率。

2. 仪器（图6-1）

（1）试样装置：底部可移动以便于清理容器。

（2）测量装置：能测定挤压活塞的移动量，精确至±0.02 mm。

（3）试验机：能给活塞施加3 MPa±0.03 MPa的稳定压力。

（4）电源：能提供稳定电流500 mA±0.02 mA。

（5）伏特计：测量精度±0.01 mV。

(6)烘箱:能控制在 110 ℃±5 ℃。

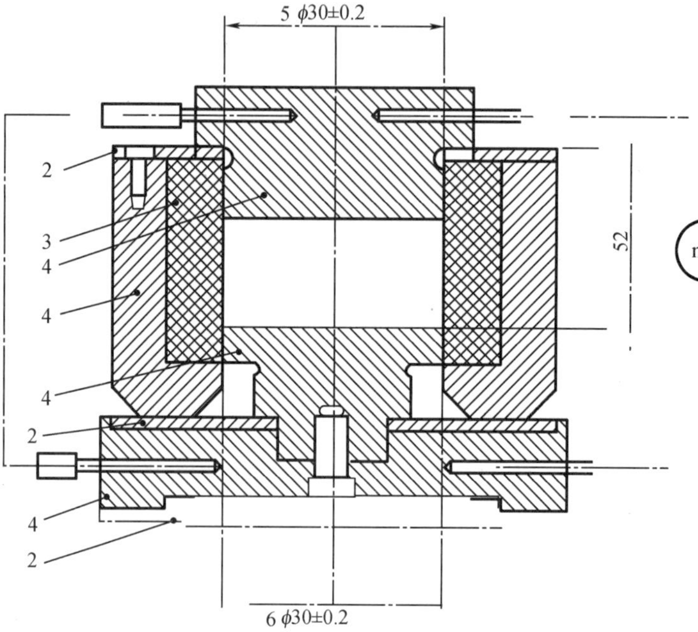

1—供电;2—PTFE;3—玛瑙;4—黄铜;5—柱塞;6—模具。

图 6-1　试样座、活塞及电接触器

3. 制样

取好的样品筛分成三部分(Ⅰ、Ⅱa 和Ⅲ),如下:Ⅰ部分>1.0 mm;Ⅱa 部分 0.5~1.0 mm;Ⅲ部分<0.5 mm。将第一部分破碎成以 0.5~1.0 mm 为主的颗粒,筛分出 0.5~1.0 mm 作为Ⅱb 部分。将Ⅱa 和Ⅱb 彻底混合,于 110 ℃±5 ℃烘干 2 h,储存在干燥器中备用。

4. 取样

称取 15~20 g 试样。独立地进行两次测定,取其平均值。

5. 测定步骤

(1)在试样筒中入试样。

(2)将带活塞的试样筒置于试验机内,然后施加 3 MPa±0.03 MPa 压力。

【煅后焦粉末电阻率的测定】

(3)装好长度测量装置,测量样品长度 h。

(4)连好电线并接通电源。调整稳压电源电流,使通过试料的电流为 500 mA±0.2 mA,然后测量试料电压降。

测定两次,每次都用新的未测试过的样品。

6. 计算

按下式计算电阻率 ρ:

$$\rho = \frac{SU}{Ih} \tag{6-1}$$

式中　ρ——电阻率，$\mu\Omega\cdot m$；

S——试样容器的表面积，mm^2；

U——电压降，MV；

I——电流，mA；

h——颗粒柱的高度，mm。

任务实施

做一做：对煅后焦粉末的电阻率进行测定操作。

纠错

纠一纠：教师对学生煅后焦粉末电阻率测定操作进行纠错点评。

评价

评一评：以过程性考核为主，关注学生个体增值，根据实际可增加评价主体，完善评价体系。

评价指标		评价主体		
一级指标	二级指标	学生自评	学生互评	教师评价
知识目标	掌握煅后焦粉末电阻率的测定方法			
能力目标	能进行煅后焦粉末电阻率的测定操作			
	能进行数据处理			
素质目标	具备安全责任意识和团结协作精神			
	具备能说会做善评的能力和精益求精的工匠精神			

思考与讨论

请说明影响煅后焦粉末电阻率大小的因素有哪些。

任务拓展

整理煅后焦粉末电阻率的测试要点,并上传教学平台。

总结反思

课后阅读

粉末电阻率测试仪操作规程

1. 型号:ISPC-15 型。

2. 用途:用于铝用炭素原料煅后焦颗粒的粉末电阻率的测定。

3. 主要技术参数

(1)电阻率测量范围:10~2 800 μΩ·m。

(2)测量精度:±0.01 μΩ·m。

(3)测量压力:3 MPa±0.03 MPa。

(4)恒流电源:500 mA±0.01 mA,1.2 V。

(5)位移测量范围:50 mm。

(6)测量精度:0.1%。

(7)重复性:5%。

(8)再现性:8%。

(9)液压动力包电源:AC 220 V±22 V,50 Hz±1 Hz,功率 180 W。

4. 方法原理

将试样置入一个圆柱形的上部和底部带有两个电极片的试样筒中,在试样两端施加一定的压力,确保试样与电极片接触良好并通上直流电流。测出颗粒柱的电压降和颗粒柱的高度,计算电阻率。

5. 试样尺寸

0.5 mm~1.0 mm,在 110 ℃±5 ℃下烘干 2 h,贮存于干燥器中。

6. 预运行操作

初次运行时,应进行预运行操作。

用药棉清洁料筒内壁和底部导电板,清洁活塞杆上的下压铜柱表面。

将空测试料筒放入测量位置。打开电源开关,液晶屏显示开机画面后进入功能选择画面。然后按▼可循环选择校准和测量功能。选择“校准”功能,按“设置”键,启动油泵电机,观察活塞杆伸出速度,当上导电板接触到料筒底部导电板后,活塞杆缩回。多次反复操作后机构运行平稳无异常,说明仪器处于正常工作状态。

7. 操作规程

(1)检查设备的连接是否正常、完好。

(2)打开机箱侧板上的电源插座开关,按控制面板上的启动按钮,液压泵运转,活塞杆升起。液晶屏进入开机画面。

(3)测量/校准功能选择画面。开机画面显示 3 s 后进入测量、校准功能选择画面。

--------校准--------
--------测量--------

按“▼”键可循环选择校准和测量功能，选中功能反色显示。

液晶屏按键功能说明

代表符合	名称
菜单	菜单键
设置	设置键
▲	上键
▼	下键
◀	左键
▶	右键

(4)选择校准功能。按“▲”键进入校准过程，显示如下画面：

请 放 入 空 料 筒
按 左 键 确 认

打开防护门，放上空料筒后，关闭防护门，按“◀”键进入实时测量画面，此时活塞杆向下伸出，直至压到空料筒底部。显示如下测量画面：

1. 11.03 mV
2. 0.500 3 A
3. 96.2 mm
4. 3.024 MPa

画面参数说明：1—通过两导电板电压降；2—通过颗粒样品横截面电流；3—空行程位移量；4—活塞杆施加压力。

如果在 4~5 s 内压力值一直稳定在 3 MPa±0.03 MPa，系统检测此时的电压降、电流及位移测量值，显示如下画面：

1. 11.03 mV
2. 0.500 3 A
3. 96.2 mm
按右键存储

“▶”键存储标定电压降、电流和空行程测量位移，活塞杆缩回，画面返回测量、校准功能选择画面。按“停止”按钮，液压泵停止运转，校准结束，取出空料桶。

为保证测试数据准确,每次测试都应进行校准。

(5)选择测试功能。按照标准要求取样。称取 15~20 g 试样,精确至 0.01 g,每次称取相同的质量。

选中"测量"键,按"▲"键进入试样编号输入画面,输入样品编号。

按"菜单"键显示如下提示画面:

请 放 入 样 品 按左键确认

打开防护门,把测量料筒拿出。将称好的试样倒入料筒中,并将上表面铺平,料筒放回测试台位置,关闭防护门,按下"◀"键,进入实时测量画面,活塞杆下行,将试样压实,液晶屏显示如下信息:

1. 11.03 mV
2. 0.500 3 A
3. 96.2 mm
4. 3.024 MPa

如果在 4~5 s 内压力值一直稳定在 3 MPa±0.03 MPa 范围内,则认为压力稳定,自动存储测量值,计算电阻率,进入电阻率显示画面:

ρ 470.85 μΩ · m 按右键存储

按"▶"键将测试时间、样品编号、电压降、电流、样品高度及压力等参数存入系统内存中;活塞杆上行,测试结束。按"停止"按钮,液压泵停止运转,打开防护门,取出试样料筒。

注意:防护门没有关闭,活塞杆不能下行。

(6)数据导出。在测量、校准功能选择画面,按"设置"键进入输入报警界面,插入 U 盘,按"▼"键可选中数据转存,按"设置"键可将数据存入 U 盘,通过随机专用软件可以把数据转存入计算机。

(7)测量完成,取出样品,关闭仪器,清扫设备和工作场所。

8. 安全技术规程

(1)设备应接地线。使用前必须检查线路连接是否符合设备要求,有无短路、漏电现象。

(2)试验过程中若出现故障,应立即停止试验,必要时断电、断气,并通知专职人员进行修理,不清楚故障情况,不得擅自处理。

(3)测量完毕应及时清洁试样料筒内壁、下压铜柱和测试台座,保证接触良好。

(4)禁止任意拆卸设备,改装设备及线路。

9. 维护保养规程

(1)定期检查线路的连接是否完好。

(2)液压油的检查与更换:

①为确保液压动力包良好运行,应定期检查液压油油位与油温;

②设备运行 3 000 h 后,应更换液压油,并清洁油箱;

③在向油箱加油时,应保证加油系统的清洁,避免杂质、粉尘等污染液压油。

(3)电磁换向阀的更换

电磁换向阀是液压操作控制系统的主要控制阀,当其因磨损等原因失效后,应进行更换。卸下阀体上 4 个连接螺栓,取下旧阀换上新阀,注意 4 个螺栓均匀拧紧,保证阀体密封、无泄漏。

试验前后应进行清扫,保持环境和设备清洁;设备长期不用时,应用保护罩盖好。

任务 2　预焙阳极电阻率的测定

工单编号:	姓名:	班级:
面向专业:炭材料工程技术	学号:	学时:2 学时

教学目标

1. 掌握预焙阳极电阻率的测定方法。
2. 能够进行预焙阳极电阻率的测定。
3. 具备安全责任意识、分析解决问题能力和精益求精的工匠精神。

每课一句

学而时习之,不亦乐乎。

任务要点

预焙阳极电阻率的测定

1. 方法原理

稳定的直流电流通过一定横截面积的被固定的试样,通过测量两个探针之间的电压降,就可以计算出试样的电阻率。

2. 仪器和设备

(1)钻孔机:配备金刚石钻头。

(2)刀具:有金刚石刀盘。

(3)游标卡尺:精度±0.5%。

(4)电流表:精度±0.5%。

(5)电位计或数字电压表:精度±0.5%。

(6)样品夹紧装置:可提供直流电流,有电压探针,电压探针可以是尖端或曲率半径至少为 200 μm 的刀片。刀片探针应与试样的中心轴垂直。

(7)烘箱:温度可控制在 110 ℃±5 ℃。电阻率测定原理如图 6-2 所示,其中电流导电板与试样接触界面之间应当满足 $D \leq 1.5d$,其中 D 为试样直径或宽度,d 为电流导电板直径。同时还应当满足以下条件:

①探针与试样端面的距离应大于 $0.5D$,且至少为 30 mm;

②两个探针之间的距离为 50 mm;

③导电板与电流接触器接触压力最小为 50 N;

④探针与试样之间的接触压力最小为 0.5 N。

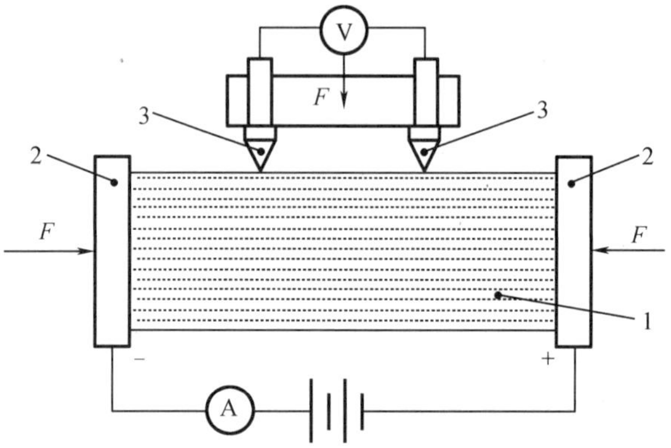

F—50 N；1—试样；2—导电板；3—探针。

图 6-2　电阻率测定原理图

3. 取样

按照 YS/T 62.1 和 YS/T 62.3 的要求，分别进行底部阴极炭块和预焙阳极的取样。

4. 测定步骤

（1）试样制备。要特别注意取样方向，试样的尺寸应不小于干骨料最大粒径的 3 倍。所取试样尺寸必须满足：

①采用圆柱体试样，尺寸为 ϕ50 mm×130 mm；

②测量区域内的横截面积变化最大不超过 0.5%。

③试样在 110 ℃±5 ℃烘箱中至少干燥 2 h，然后取出冷却。

（2）清洁导电板和探针以保证良好的电接触。

（3）在接近探针的部位用游标卡尺测量试样两个垂直方向的直径，求得试样的平均直径以及横截面积 A。

（4）测量两个探针之间的距离 L，其变化应在±0.5%以内。

（5）在两个导电板之间放置试样，并施加 50 N 的压力以确保获得最佳的电流分布。

（6）调节直流电流，使被测试样上的电流密度不大于 1 A/cm^2（可采用 5 A 的电流）。

【预焙阳极电阻率的测定】

（7）放置探针到合适位置。按 90°旋转被测试样，在圆柱体的四个垂直半径点测量探针之间的电压值 U。确保测试时通过样品的电流时间很短，以防止任何可检出的电阻变化。

5. 计算

按式（6-2）计算试样的电阻率 ρ：

$$\rho=\frac{UA}{IL} \tag{6-2}$$

式中　ρ——电阻率，μΩ·m；

U——L 长度内的电压，mV；

A——测试试样的横截面积，mm^2；

I——电流强度（本部分规定为 5 A），A；

L——两个探针之间的距离，mm。

计算结果不小于 20 μΩ · m 时，修约为整数；小于 20 μΩ · m 时，保留一位小数。

任务实施

做一做：对预焙阳极电阻率进行测定操作。

纠错

纠一纠：教师对学生预焙阳极电阻率测定操作进行纠错点评。

评价

评一评：以过程性考核为主，关注学生个体增值，根据实际可增加评价主体，完善评价体系。

评价指标		评价主体		
一级指标	二级指标	学生自评	学生互评	教师评价
知识目标	掌握预焙阳极电阻率的测定方法			
能力目标	能进行预焙阳极电阻率的测定操作			
	能进行数据处理			
素质目标	具备安全责任意识和精益求精的工匠精神			
	具备分析解决问题的能力			

思考与讨论

1. 炭素材料导电特点有哪些？

2. 电阻率的测定原理是什么？公式如何推导？

任务拓展

归纳总结预焙阳极电阻率的测试要点，并上传教学平台。

总结反思

课后阅读

炭块室温电阻率测定仪操作规程

1. 型号：ISPC-25 型。

2. 用途：用于预焙阳极室温电阻率的测定。

3. 主要技术参数

(1)测量范围：0~100 μΩ·m。

(2)测量精度：±0.1 μΩ·m。

(3)接触压力：≥50 N。

(4)电源精度：±0.005 A。

(5)导电板接触压力：>50 N。

(6)探针间距：50 mm。

(7)重复性：1.2 μΩ·m。

(8)再现性：1.5 μΩ·m。

(9)电源：AC 220 V±22 V,50 Hz±1 Hz,功率：100 W。

4. 方法原理

稳定的直流电流通过一定横截面积的被固定的试样，通过测量两个探针之间的电压降，计算电阻率。

5. 样品尺寸

圆柱体试样，尺寸 ϕ50 mm×130 mm(测量区域内的横截面积变化最大不超过 0.5%),110 ℃±5 ℃烘箱中干燥 2 h，在室温下冷却。

6. 操作规程

(1)检查设备、气管的连接是否正常、完好。将外接调压阀调至 0.2 MPa。

(2)设备通电运行：将主电源开关置于“on”位置。

(3)在液晶控制表上设置参数，具体如下：

①仪器接通电源后，液晶控制仪表首先进入初始界面。

②2 s 后，自动进入如下“运算设置”界面。

样品编号：99999
样品直径 1:50.03
样品直径 2:50.04
样品直径 3:50.01

此时按“设置”键进入样品编号输入界面，按“◄”“►”键改变光标位置，按“▲”“▼”键改变数值；设置完毕，按“菜单”键返回；按照上述步骤进行样品直径输入操作。

说明：沿样品长度方向均匀取三处截面测量直径，并分别输入测量值，测量值精确到小数点后两位数字。

③样品直径输入完毕，按“菜单”键进入测量界面。系统提示按“测量”按钮进行测量。

(4)放入样品：将样品竖直放在放样口中的圆形检测台的中心上。

样品两端接通电源，按下“加载”键；样品与探针接触，按下“接触”键；开始测量，按下“测量”键，约 2 s 后，测量完毕，仪表显示本次测量的样品的编号、直径平均值和电阻率，测量结果显示界面如下：

样品编号：99999
样品平均直径：50.34 mm
电阻率：51.23 μΩ·m
测量完成

(5)在此界面下按“▼”键进入存储界面，按照提示选择存储后，显示屏右下角出现“R”，提示本次存储完成。

(6)在此界面下按“▲”键进入下次测量，可对同一样品进行多次测量，以验证仪器的精确度。

(7)在测量结果显示界面，按“►”键进入测量参数显示界面，液晶屏显示本次测量的详细参数，包括恒流电流、电源电压及四组探针每组的电压降。按“▲”“▼”键进行翻屏浏览。

(8)在测量结果显示界面，按“菜单”键进入参数设置界面，用户可以进行显示日期、时间的更改。其他设置在仪器出厂时已按照仪器要求设置完毕，不能随意更改。

(9)在测量结果显示界面，按“设置”键可以查阅以往的测量记录，具体操作如下：

按“◄”“►”键，改变样品编号，到需要查找的样品编号后，按“设置”键，屏幕显示该编号样品的电流、电压和电阻率值。

(10)在测量结果显示界面，按“设置”键，再按“▼”键，显示本次测量的其他信息，包括异常数据的报警点、测量时间及记录信息的转存等。将光标移到“记录信息转存”，此时插入 U 盘，可将仪表内所存储的信息转存入 U 盘，再存入计算机。

(11)探针脱离：按下“脱离”键。

(12)样品两端电流断开：按下“卸载”键。

(13)测量完成，取出样品，关闭仪器，将电源开关拨至 OFF，关闭压缩空气的总开关，清扫设备和工作场所。

7. 安全技术规程

(1)设备应接地线。

(2)设备使用前必须检查线路和气管的连接是否符合设备要求，有无短路、漏电或漏气现象；测试系统的气路，密闭性能良好。

(3)除预焙阳极以外的一切物品或化学试剂，严禁放入设备内测试。

(4)压力表、流量计的显示应准确。

(5)盛气钢瓶距离设备至少 1 m。

(6)试验过程中若出现故障,应立即停止试验,必要时断电、断气,并通知专职人员进行修理,不清楚故障情况,不得擅自处理。

(7)禁止任意拆卸设备,改装设备及线路。

8. 维护保养规程

(1)定期检查线路的连接是否完好。

(2)压力表、流量计应定期检查、校准。

(3)定期清洁测试探针和导电铜网,保证接触良好。

(4)试验前后应进行清扫,保持环境和设备清洁;设备不用时,应用保护罩盖好。

项目 7　炭石墨材料热学性能的测定

任务 1　预焙阳极热导率的测定

工单编号:	姓名:	班级:
面向专业:炭材料工程技术	学号:	学时:2 学时

教学目标

1. 掌握预焙阳极热导率的测定方法。
2. 能够进行预焙阳极热导率的测定操作。
3. 具备安全责任意识、能说会做善评的能力和精益求精的工匠精神。

每课一句

专业是生命的深度,越专越深。

任务要点

预焙阳极热导率的测定(比较法)

热导率(λ)是材料的一种特性,它通过测定在一个给定的温度区间内(Δt)通过高度 h 和横截面积 A 的物体的热流量($\mathrm{d}Q/\mathrm{d}T$)来计算:

$$\lambda = \frac{\mathrm{d}Q}{\mathrm{d}T} \cdot \frac{1}{\Delta t} \cdot \frac{h}{A} \tag{7-1}$$

式中 $\frac{\mathrm{d}Q}{\mathrm{d}T}$——热流量,W;

Δt——温度差(通过与标准样品的比较而获得),K;

h——通过物体的高度,m;

A——物体的横截面积,m^2。

对圆柱状样品而言,$A=\pi d^2/4$。其中 d 为试样的直径,单位为 m。

1. 试剂和样品

(1)黏结剂:包括凡士林、丙三醇、黏着胶等,用于改善试样与两端的接触。

(2)校准样品:经设备制造商或国家认可的已校准试样。

表 7-1 给出了部分经校准的标准样品 20 ℃时的热导率,这些试样的热导率在 20~100 ℃范围内与温度基本呈线性关系。

表 7-1 标准样品举例

材料	20 ℃时的热导率/[W/(K·m)]
燧石玻璃	1.4
高合金钢	14
青铜	65
黄铜	110
纯度 99.9%的铝	235

2. 仪器和设备

(1)典型的测量装置如图 7-1 所示,包括下列部分:

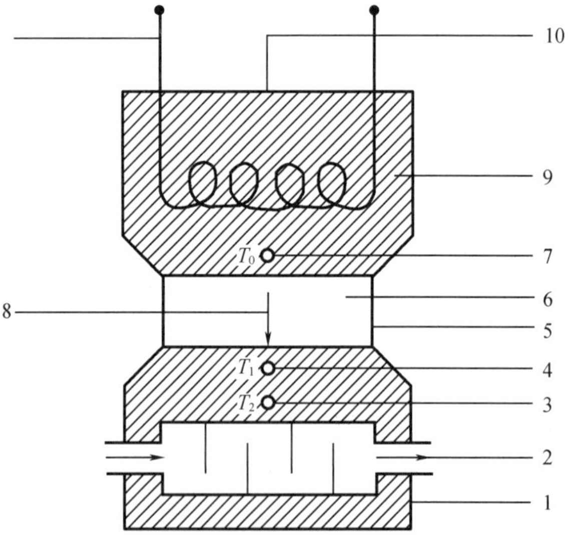

1—底部;2—恒温循环箱;3—热电偶 T_1;4—热电偶 T_2;5—绝缘缸;6—试样;7—热电偶 T_0;8—热流方向;9—顶部;10—施加压力方向;11—电加热装置。

图 7-1 设备装配示意图

——底部:温度可冷却至 20 ℃±0.1 ℃;

——恒温循环箱:可使水温保持在 20 ℃±0.02 ℃;

——热电偶;

——电压表；

——顶部：可提供热源，至少可加热至 60 ℃，精度 0.1 ℃；

——液态恒温箱：可使水温保持在 40 ℃±0.02 ℃或使顶部温度保持在 60 ℃±0.1 ℃的电加热装置；

——加压装置：附有万向旋挂器，最小压力 5 MPa；

——绝缘缸：避免热损失。

(2)尺寸测量设备：测量误差±1%，精确至 0.02 mm。

(3)直尺。

3. 取样和制样

(1)取样

底部炭块、侧部炭块、预焙阳极分别按照 YS/T 62.1、YS/T 62.2、YS/T 62.3 的规定取样；阴极糊按照 YS/T 62.4 的规定取样，然后按照 YS/T 63.1 的规定焙烧后制取。

(2)制样

试样应当干燥至恒重。试样的直径为 20~50 mm，高度为 5~50 mm，端面平整度不高于 0.05 mm。试样的几何尺寸影响本方法的准确性，对于热导率较高的材料，选择稍厚或较小尺寸的试样能得到较准确的测定结果。高度为 20 mm 的试样，直径可选择为 50 mm。

4. 测定步骤

(1)试样尺寸的测量

测量试样的高度 h 和直径 d。

(2)校准曲线

固定设备的底部和顶部，加热至操作温度。当顶部和底部的温度稳定在 10.1 ℃之内时，选择一个或几个与试样具有相同横截面的校准样品，在试样两端涂少量黏结剂，将其置于中心，松开加热设备的底部和顶部，则试样在适当的压力下被固定在顶部和底部中间。当热电偶的读数恒定时，记录此时的温差电压。校准曲线(温差电压 U 与$\frac{\lambda A}{h}$函数)可以通过测量已知热导率和尺寸的不同标准样品的结果来绘出。对于任何试样，均可通过温差电压 U 计算出$\frac{\mathrm{d}Q}{\mathrm{d}T}\cdot\frac{1}{\Delta t}$的值。

【注】 如果使用了绝缘缸来测定检测样品，则绘制校准曲线时也应使用该绝缘缸。

(3)试样的测定

与校准样品具有相同横截面的试样按照测定程序来进行测定。

【预焙阳极热导率的测定】

5. 计算

按式(7-1)计算热导率 λ,其中的$\frac{dQ}{dT}$和 Δt 可由样准曲线求得,最终测定结果为两次测定结果的算术平均值 $\overline{\lambda}$,修约至小数点后两位。

$$\lambda=\frac{dQ}{dT}\cdot\frac{1}{\Delta t}\cdot\frac{h}{A}$$

式中 $\frac{dQ}{dT}$——热流量,W;

Δt——温度差(通过与标准样品的比较而获得),K;

h——通过物体的高度,m;

A——物体的横截面积,m^2。

对圆柱状样品而言,$A=\pi d^2/4$。其中 d 为试样的直径。

任务实施

做一做:对预焙阳极热导率进行测定操作。

纠错

纠一纠:教师对学生预焙阳极热导率的测定操作进行纠错点评。

评价

评一评:以过程性考核为主,关注学生个体增值,根据实际可增加评价主体,完善评价体系。

评价指标		评价主体		
一级指标	二级指标	学生自评	学生互评	教师评价
知识目标	掌握预焙阳极热导率的测定方法			
一级指标	二级指标	学生自评	学生互评	教师评价
能力目标	能进行预焙阳极热导率的测定操作			
	能进行数据处理			
素质目标	具备安全责任意识和精益求精的工匠精神			
	具备能说会做善评的能力			

思考与讨论

阅读试验操作步骤并作答：

(1)试验中校准试样与待测定试样有什么共同点？

(2)测试时在试样两端要涂上少量黏结剂的目的是什么？

(3)将标准样品(标样)放置到带绝缘环的测量室的目的是什么？

(4)所测试的干燥试样在测试前是否需要预热处理？测试前仪器是否需要预热？

(5)如果在测试过程中发生停电事故，该怎样进行校准？

任务拓展

归纳总结预焙阳极热导率的测试要点，并上传教学平台。

总结反思

课后阅读

预焙阳极热导率测试仪操作规程

1. 型号：RDC143 型。

2. 用途：用于预焙阳极热导率的测定。

3. 主要技术参数

(1)加热功率:1.3 kW。

(2)额定电压和频率:220 V,50 Hz/60 Hz。

(3)测量方式:全自动。

(4)测试时间:10~20 min。

(5)热电偶:PT100 电阻热电偶。

(6)温度控制器控温精度:±0.1 ℃。

(7)重复性:$r=4\%$。

(8)再现性:$R=10\%$。

4. 方法原理

通过测定在一个给定的温度区间内通过高度 h 和横截面积 A 的物体的热流量来计算试样的热导率。

5. 样品尺寸

要求测试样品的直径为 50 mm±0.4 mm,高度为 20 mm±0.1 mm,两个面互相平行,公差在±0.05 mm 以内,试样必须在 120 ℃±5 ℃下干燥 12 h,然后在室温下冷却。

6. 操作规程

(1)操作前的检查

①打开设备和恒温器的电源开关,微处理器显示器将显示测量头的温度,恒温箱显示水温。通过按压 Ministat CC1 控制面板上设置"set"按钮,检查并确认设置温度为 20.0 ℃。如果不在此处设置温度,则需逐步旋转黑色的按钮,将其调整为 20.0 ℃,并再次按压设置"set"按钮确认。

这时屏幕显示如下信息:

Turn Encader:
Activate
Control

逐步旋转返回"back"按钮(顺时针或逆时针),并逆时针旋转一步,直到控制单元(Control unit)上,按如下所示显示开位"ON":

Control:
Off
→On

按压黑色按钮。泵和温度控制器单元随即启动。屏幕短暂显示"Stored V"。调节水的流量为 40 L/h,确认将预热试样的温度控制设定在 40 ℃,否则进行调整。

②设备通电后,检查显示器的显示顺序是否如下:

1. xx

00. 00

1 s 后,显示

Temp. of the upper head

上测头的温度

3	8	5

Thumb wheels(滚轮)

● ● 按钮未点亮

Measuring(测量) Calibration(校准)

30 min 后,显示

60. 0x

3	8	5

Thumb wheels(滚轮)

● ● 按钮已点亮

每次给仪器通电或断电后,都会有上述顺序的显示。此内部校准操作由仪器自动进行。当屏幕显示 4 个零时,校准完成。在内部校准期间进行时,测量元件内不要夹持样品。

(2)校准

测试样品之前,应先执行"6(1)操作前的检查"。在此期间,仪器执行内部校准,以确保设置正确。校准期间不可在测量室放置试样。校准操作完全自动进行,大约需要 30 min。完成后,控制盒将报警提醒。

在每天使用和稳定的情况下,建议每天手动校准一次 RDC-143 设备。如果环境温度变化超过 2 ℃,则必须重新校准 RDC-143 设备。将标准样品(标样)放置到带绝缘环的测量室,并固定在位置上。按压红色测量键"MEASURING"开始测量。几分钟后报警表明测试已经完成,并将结果显示在显示器上。

如果显示的值与标准样品的值不一致,则可以通过调节数字显示器下边的 3 个单位数的数字转轮加以校正。然后按压黄色校准键"CALIBRATION",并将新的结果与标准样品的值比较。最终的正确设置可能需要通过几次这样的操作方可实现。通过测量标准样品,再次检查设备。从测量室移开标准样品后,设备即准备好,可以进行实际测量了。

(3)操作运行

在进行第一次测量前,将待测试的炭素试样放在预热器试样台上,预热约 20 min。将已预热样品插入带绝缘环的测量室,按压测试键“MEASURING”开始测试。几分钟后结果以 W/MK 为单位,显示在数字显示器上。样品从设备上移开,准备测试下一个样品。

【注】 如果样品放入测量室后发生停电,则仪器要进行内部校准,并会出现 4 个零。这个自校是完全无效的。应该将试样取出,并且将仪器电源关闭,然后再通电。出现 4 个零后,把第一个校正试样放进绝缘环内。在测试校准样和日常试样前,强烈建议先行预热仪器 24 h。即使一周仅进行有限几次测试,也建议不要关闭仪器的电源。如果每天都使用 RDC-143 设备,则可每天不关闭主电源,当设备在稳定条件下工作时,可获得更精确的测试结果。

7. 安全技术规程

(1)设备应接地线。设备使用前必须检查线路和气管的连接是否符合设备要求,有无短路、漏电现象。

(2)除预焙阳极以外的一切物品或化学试剂,严禁放入设备内测试。

(3)在取、放试样过程中,绝对避免未戴热防护的肢体接触样品;在降低测试头时,手离开夹具。

(4)禁止任意拆卸设备,改装设备及线路。

8. 维护保养规程

(1)定期检查

①任何维护操作,都应首先将设备与主供电电源断开后,方可进行。

②检查线路的连接是否完好。

③检查蒸馏水水平,如果需要便加满。检查预热器的温度,应为 40~50 ℃。可以通过转动预热器右边的恒温器进行调节。检查标样是否有任何损坏。通过与第二块标样进行比较,检查标样。检查测试头是否有任何损坏。检查样品表面是否平整,上下表面是否平行。

(2)更换控制盒(微处理器)

更换带微处理器控制盒,按以下步骤进行:

①松开后面板 4 个角上的螺钉。

②确保所有导入控制盒的插头(总计 8 个)被适当标记,保证重新装配时回复到原始位置。然后拔下所有导入控制盒的插头。

③握住控制盒,松开前面板上的 4 个螺钉,拿出控制盒。

④依照以上说明,按相反的步骤进行更换操作。

(3)热电偶的定期检查

应定期检查热电偶的平直度和表面腐蚀损伤情况。当热电偶有损伤情况出现时,应及时更换、校准。

试验前后应进行清扫,保持环境和设备清洁;设备长时间不用时,应用保护罩盖好。

任务2　预焙阳极热膨胀系数的测定

工单编号：	姓名：	班级：
面向专业：炭材料工程技术	学号：	学时：2学时

教学目标

1. 掌握预焙阳极热膨胀系数的测定方法；
2. 能进行预焙阳极热膨胀系数的测定操作；
3. 具备安全责任意识、能说会做善评的能力和精益求精的工匠精神。

每课一句

经历是生命的精度，越经越精。

任务要点

预焙阳极热膨胀系数的测定

线性热膨胀系数 $\alpha(t)$ 按下式计算：

$$\alpha(t)=\frac{1}{l}\cdot\frac{\mathrm{d}l}{\mathrm{d}t} \tag{7-2}$$

式中　$\alpha(t)$——线性热膨胀系数，1/K；

l——试样在温度 t 时的长度，m；

$\frac{\mathrm{d}l}{\mathrm{d}t}$——试样长度随温度的变化，m/K。

平均线性热膨胀系数 $\alpha(t_1,t_2)$ 按下式计算：

$$\alpha(t_1,t_2)=\frac{1}{l_1}\cdot\frac{l_2-l_1}{t_2-t_1}=\frac{1}{l_1}\cdot\frac{\Delta l}{\Delta t} \tag{7-3}$$

式中　$\alpha(t_1,t_2)$——平均线性热膨胀系数，1/K，考虑了此温度范围内试样架和导杆的膨胀；

t_1——起始温度，℃；

t_2——终点温度，℃；

l_1——试样起始温度 t_1 时的长度，mm；

l_2——试样终点温度 t_2 时的长度，mm。

1. 方法原理

平均线性热膨胀系数通过热导杆膨胀计来测定，试样放到低膨胀材料（如燧石玻璃）制成的试样架上，用炉子加热，试样长度的改变通过一个导杆传送到炉子外面的机械、光学或电子测量装置上。

平均线性热膨胀系数通过测量试样长度的改变量、原始长度和温度的变化计算而得，要把测试温度范围内试样架和导杆的膨胀量考虑在内。除非特别说明，测定温度的区间，下限为 20 ℃（即室温），上限为 300 ℃。

2. 仪器和设备

（1）膨胀计：配有试样架和推杆，可由燧石玻璃制成。另还应配有机械、光学或电子测量装置（误差为±0. 05 mm），温度高于 300 ℃时可抽真空或气体保护。

（2）炉子：在试样的长度范围内温度控制精度在±0. 5%范围内。

（3）温度测量装置：如带显示器的热电偶，精度在±0. 5%范围内，用来测定试样的平均温度。

（4）长度测量设备：误差小于±0. 2%。

（5）校准样品：由在测量范围内已知热膨胀系数的材料制成，具有相同的几何尺寸，校准样品的热膨胀系数应由设备制造厂家或者得到授权的权威机构认定。

3. 取样和制样

（1）底部炭块、侧部炭块、预焙阳极分别按照 YS/T 62. 1、YS/T 62. 2、YS/T 62. 3 取样，除去样品表面的灰尘或在测试期间可能脱落的部分。阴极糊按照 YS/T 62. 4 取样，再按照 YS/T 63. 1 焙烧后取得试样。

（2）将所取样品加工成圆柱体。试样尺寸为 ϕ550 mm×50 mm。

（3）试样的各表面都应进行加工，以保证导杆和试样的平行度偏差不超过 0. 2 mm。

（4）在试样侧面的中央钻一个至少 1 mm 深的孔，与热电偶的接点连接。

（5）必要时，试样可预先在 1 000 ℃无氧化性气氛中退火以除去残余应力。

4. 测定步骤

（1）校准

用校准样品根据程序来校准膨胀计。

（2）测量

将试样放进膨胀计，保证试样的末端和导杆紧密接触。同时将热电偶的接点放入试样侧面的孔。

测量起始温度 t_0 时试样的原始长度 l_0，如果导杆端面和试样端面没有完全吻合，用连接片使之吻合。

测定开始前，通过调节设备、记录表或光敏纸的零点，使系统清零。当使用双膨胀计时，两个膨胀计进行正交记录，要分别确定每个膨胀计的记录轴。

【预焙阳极热膨胀系数的测定】

把试样架放到炉子(已经预热)中,当试样达到终点温度 t_2 时,测量并记录试样的长度 l_2,如果终点温度 t_2 超过 300 ℃时,应通入保护气体或进行真空保护,防止试样被氧化。

5. 计算

按照下式计算平均线性热膨胀系数 $a(t_1,t_2)$:

$$a(t_1,t_2)=\frac{1}{l_1}\cdot\frac{l_2-l_1}{t_2-t_1}+\alpha_k=\frac{1}{l_1}\cdot\frac{\Delta l}{\Delta t}+\alpha_k \tag{7-4}$$

式中　t_1——起始温度,℃;

t_2——终点温度,℃;

l_1——试样起始温度 t_1 时的长度,mm;

l_2——试样终点温度 t_2 时的长度,mm;

α_k——试样架和推杆在测试温度范围内的平均线性热膨胀系数,1/K。

计算结果精确至小数点后两位数字。

任务实施

做一做:对预焙阳极热膨胀系数进行测定操作。

纠错

纠一纠:教师对学生预焙阳极热膨胀系数测定操作进行纠错点评。

评价

评一评:以过程性考核为主,关注学生个体增值,根据实际可增加评价主体,完善评价体系。

评价指标		评价主体		
一级指标	二级指标	学生自评	学生互评	教师评价
知识目标	掌握预焙阳极热膨胀系数的测定方法			
能力目标	能进行预焙阳极热膨胀系数的测定操作			
	能进行数据处理			
素质目标	具备安全责任意识和精益求精的工匠精神			
	具备能说会做善评的能力			

思考与讨论

名词解释:热导率、热膨胀系数、抗热震性。

任务拓展

归纳总结影响预焙阳极热膨胀系数大小的因素,并上传教学平台。

总结反思

课后阅读

预焙阳极热膨胀系数测试仪操作规程

1. 型号：RDC158/1 型。

2. 用途：用于预焙阳极热膨胀系数的测定。

3. 主要技术参数

（1）加热功率：0.5 kW。

（2）额定电压和频率：220 V，50 Hz/60 Hz。

（3）测量方式：全自动。

（4）测试时间：≤3 h。

（5）热电偶：镍铬-镍铝合金，K 型，高于±0.375%。

（6）测试元件分辨率：±0.1 μm。

（7）最高温度：300 ℃。

（8）工作温度：25～300 ℃。

（9）供气：空气，压力 5 bar（1 bar=100 kPa）。

（10）重复率：8%。

4. 方法原理

圆柱体试样放置在一个恒温 300 ℃的炉子内。采用一个长度计测试试样的膨胀，并且在 3 h 后依据总长度差计算 25～300 ℃的平均热膨胀系数（CTE）。

5. 试样

最大直径 50.8mm，长度 50±0.2mm，120 ℃±5 ℃干燥 12 h 后冷却 3 h 至室温，实验室内温度应保持在 25 ℃左右。±2 ℃的温度波动是可以接受的。

6. 操作规程

（1）操作前的检查

①打开主开关，确认“MAIN SWITCH”灯点亮。

②旋转控制板上紧邻压力表的阀门，缓慢将压力增加到 0.5 bar。同时控制样品托架，使其进入炉内但不碰到炉壁。调节气压到 2 bar。按住“上/下”（up/down）按钮 3～4 s，样品托架将下降并保持在此位置，直到松开按钮为止。

③将温度控制器调为 300 ℃，等待 2 天以便达到热平衡。此前应预先将样品托架和一个试样放进炉内。

【注】 可使用合适的夹钳来更换试样，避免手碰到样品托架。

④控制试样上升和下降所需时间。按压“上/下”按钮，并在试样到达底部时松开按钮。此过程不应超过 10～12 s（单向 5～6 s）。如果不是这样，可通过调节控制箱上的阀门来获得需要的时间。

(2)校准

①使用两件具有已经证实的 CTE 值为 3.30×10^{-6} K 的硼硅玻璃作为参考样品进行校准。校准必须在仪表首次设定及之后的每 3 个月或者维修之后进行。如果在某个时间段停过炉,则校准之前必须将第一件硼硅玻璃参考样品置于炉中预热两天。

②取出第二件硼硅玻璃参考样品,准备送入。记录实验室温度,实验室温度=TLab。

③按住“上/下”按钮直到空样品到达底部。从炉中移除空的样品并使用适当的夹子与防护装置更换为石英(硼硅玻璃参考样品)。注意样品的温度为 300 ℃。不要用手或身体的任何部位触碰样品。

④松开“上/下”按钮,等到样品托盘到达行程顶端。

⑤现在观察 Sylvac 的显示屏。读数稳定的时刻(需要 5~10 s)按下预设按钮。

⑥注意:Sylvac 上的读数应显示 0.0000。

⑦3 h 后,从 Sylvac 显示屏记录 Δl 读数。

使用下式计算硼硅玻璃参考样品的 CTE 值:

$$\mathrm{CTE}=\frac{\Delta l}{l\cdot(300-T_{\mathrm{lab}})}$$

式中 CTE——热膨胀系数;

K——校正系数;

Δl——长度差,mm;

l——试样长度(50.0 mm);

T_{lab}——实验室温度,℃。

⑧移除第二件硼硅玻璃参考样品并使用适当的夹子与防护装置,根据上述步骤更换为第一件硼硅玻璃参考样品。

⑨重复此步骤直到获取 4 个硼硅玻璃参考样品的 CTE 值。

⑩检查取得的 4 个 CTE 值是否都相互处于 8%的再现范围之内。如果不合要求,重复此步骤。

⑪现在计算 4 个 CTE 读数的平均值,最终得出校准因子 K(由 RDC-158/3 装置的炉子热膨胀计得出)。

$$K=\frac{\mathrm{CTE}_{\mathrm{CRM}}}{\mathrm{AVG}_{\mathrm{M}}}=\frac{3.30\times10^{-6}}{\mathrm{AVG}_{\mathrm{M}}}$$

式中 K——校正系数;

$\mathrm{CTE}_{\mathrm{CRM}}$——CRM 158 S4(认证号:3560)认证的 CTE 值;

$\mathrm{AVG}_{\mathrm{M}}$——CRM 158 S4 的测试平均值。

校准过程结束,得到校准因子之后,就可以开始第一组测试。

(3)操作运行

测试样品前,应先执行操作前的检查,直到上述操作完成方可进行下面的操作:

按压前面板上红色按钮,每一个炉子内都放入一个非测试试样,等待 2 天时间,以达到热平衡。在此过程中,圆柱筒(样品托架)应留在炉子内。然后就可以进行第一批次的测试。用夹钳将非测试试样取出来,并放入一个测试试样。在试样处于上端3~6 s后,按压相应的按钮(预置)长度测试单位置为零。3 h后,每个屏幕显示长度差读数 Δl,以 mm 为单位。

现在可以进行下一个批次的测试。更换试样的动作应尽量快些,以防样品托架冷却。此项要求很重要,整个更换操作过程应在5 s内完成。

【注】 在进行任何测试之前,都要保证预热48 h。

(4)结果

25~300 ℃的平均热膨胀系数(CTE)由下式确定:

$$\text{CTE}(25\sim300\ ℃)=K\cdot\frac{\Delta l}{l\cdot(300-25)K}=\frac{1\ 000\cdot\Delta l}{13.75}\times10^{-6}$$

式中　CTE——热膨胀系数;

K——校正系数;

Δl——长度差;mm;

l——试样长度(50.0 mm)。

如果实验室温度不是25 ℃,则使用下方的公式计算CTE。实验室温度 T_{lab}~300 ℃的热膨胀系数CTE:

$$\text{CTE}(T_{\text{lab}}\sim300\ ℃)=K\cdot\frac{\Delta l}{l\cdot(300-T_{\text{lab}})K}$$

式中　CTE——热膨胀系数;

K——校正系数;

Δl——长度差,mm;

l——试样长度(50.0 mm);

T_{lab}——实验室温度。

7. 安全技术规程

(1)设备应接地线。设备使用前必须检查线路和气管的连接是否符合设备要求,有无短路、漏电、漏气现象。

(2)除预焙阳极以外的一切物品或化学试剂,严禁放入设备内测试。

(3)在取、放试样过程中,绝对避免未戴热防护的肢体接触样品。

(4)空气的进口压力不能超过7 bar。

(5)禁止任意拆卸设备,改装设备及线路。

8. 维护保养规程

(1)任何维护操作,都应在将设备与主供电电源断开、炉子冷却后,方可进行。

(2)定期检查线路和气管的连接是否完好。

(3)改变样品托架(圆柱筒)的速度。

欲改变圆柱筒的速度,请不要断开主电源。

①除下控制箱后隔栅(6 颗螺钉)。

②可以看到每一个圆柱筒上有两根管。这些管子连到其各自近旁的黑色盒子。在此阀的上端有两颗螺丝。旋转此螺丝,可以调节上升或者下降的速度。

【注】 不要碰触设备除这两颗螺丝外的其他部位,因为此设备处在应力下。R&D Carbon Ltd. 将圆柱筒下降到底然后马上上升的时间调整为 10~12 s。

(4)试验前后应进行清扫,保持环境和设备清洁;设备长期不用时,应用保护罩盖好。

项目 8　炭石墨材料新指标的测定

任务 1　煅后焦颗粒稳定性的测定

工单编号：	姓名：	班级：
面向专业：炭材料工程技术	学号：	学时：2 学时

教学目标

1. 掌握煅后焦颗粒稳定性的测定方法。
2. 能够进行煅后焦颗粒稳定性测定操作。
3. 具备安全责任意识、能说会做善评的能力和精益求精的工匠精神。

每课一句

积淀是生命的密度，越积越密。

任务要点

煅后焦颗粒稳定性的测定

1. 方法原理

低机械强度的煅烧焦在混料过程中可能被破碎使粒级降低。低的颗粒稳定性会影响颗粒尺寸，进而可能使焙烧块的质量降低，用试验振动仪研磨 4~8 mm 煅烧焦的颗粒，然后测定残留在特定筛网上的颗粒的含量。

2. 设备

(1) 试验振动仪

两个破碎筒，每个筒中装有 1 kg 直径为 10 mm±0.4 mm 的硬质钢球。机身主要特征如图 8-1 所示。机身与驱动电机安装在平板上。破碎筒安装在振动仪的机身中，由 4 个平软的弹簧支撑。破碎筒外有可以快速拆卸的外箍。振动器通过轴承与机架连接，电机通过联轴器及中空的传动轴驱动仪器。振幅为 4 mm±0.5 mm。仪器前面的调整盘可设定振幅的大小。电机的转速为 1 450～1 470 r/min。轴承架与轴承之间是刚性连接。轴通过联轴器与电机连接，带动与之连接的两个偏心钢轮转动。图 8-1 给出了偏心轮的结构。偏心轮的偏心转动带动整个以弹簧支撑的振动器以相位滞后 180°转动。每个破碎筒的总容积为 1 L，有效容积为 0.3 L。破碎筒有一个带橡胶垫圈的盖子，盖子用一个手旋螺母的夹具固定。电机带有时间设定开关，精度为±2 s。

(2)筛网

网孔尺寸为 4 mm 和 8 mm。

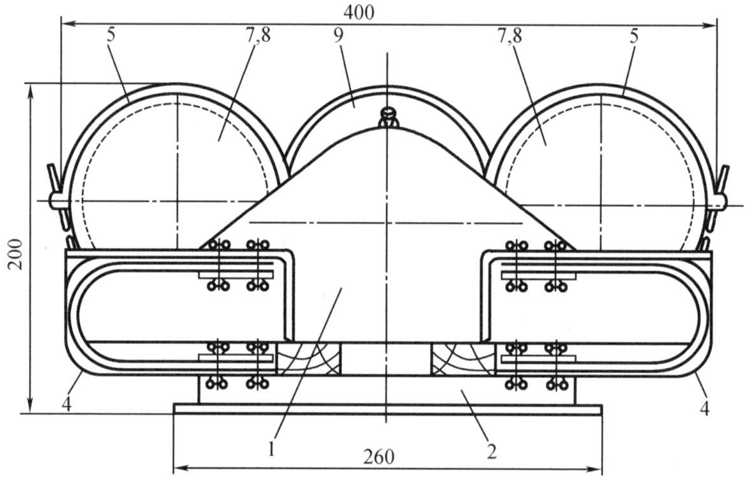

(a)振动仪前视图

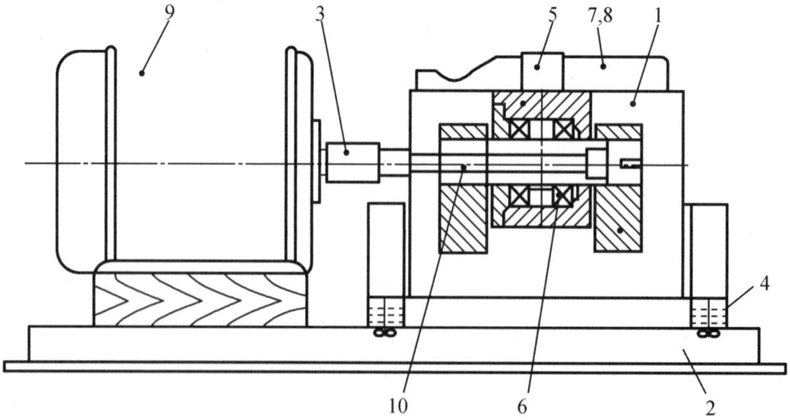

(b)振动仪侧视图

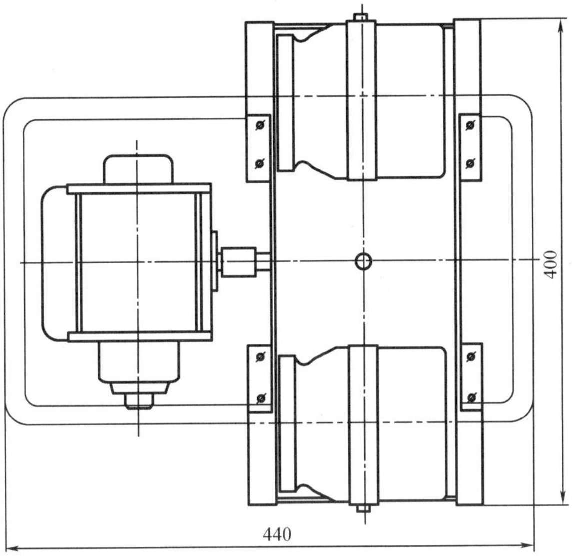

(c)振动仪俯视图

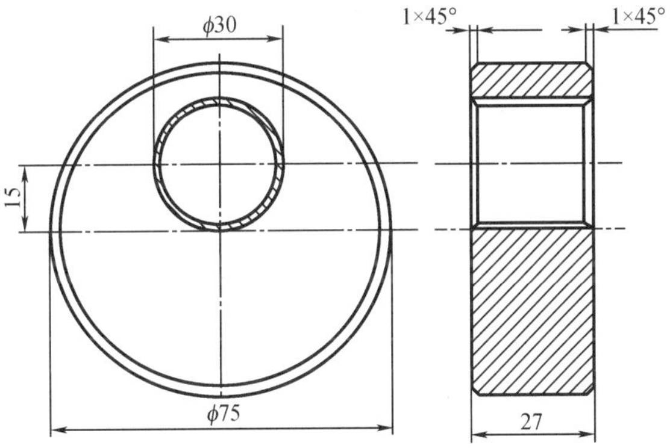

(d)偏心轮盘

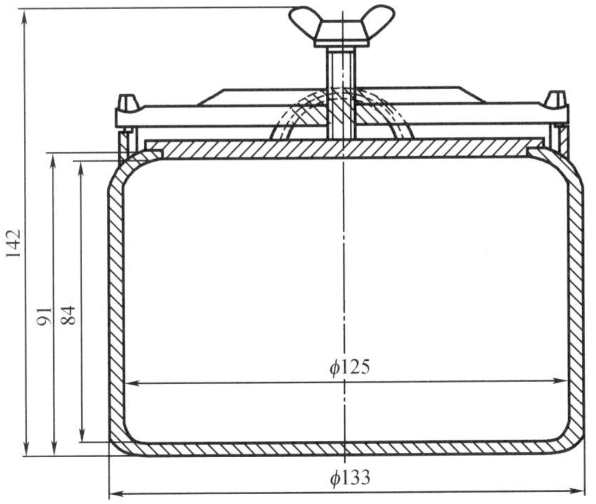

(e)破碎筒

1—机身;2—平板;3—联轴器;4—底座;5—外箱;6—轴承;
7,8—破碎筒;9—电机;10—传动轴。

图 8-1　振动仪

【煅后焦颗粒稳定性的测定】

3. 试样

取样后禁止预破碎试样，筛分出 200 g 颗粒尺寸为 4~8 mm 的煅后焦。

4. 测定步骤

（1）称样

称取 100 g 试样，精确至 0.01 g。

（2）测定

将 1 kg 钢球和试料放入一个破碎筒内，另一个破碎筒内也放入同样的钢球和试料。盖上盖子，将破碎筒装到振动仪上。破碎 3.5 min，将一个破碎筒内所有的东西倒在 8 mm 试验筛、4 mm 试验筛和筛底组成的套筛上。将套筛在 30 s 内水平晃动 60 次左右。钢球在 8 mm 筛上，称量 4 mm 筛上的残留，精确到 0.01 g。另一个破碎筒也重复以上的步骤。

5. 计算

按下式计算颗粒稳定性，以百分数 GS 表示：

$$GS=\frac{GS_1+GS_2}{2}=\frac{1}{2}\left(\frac{m_3}{m_1}\times 100+\frac{m_4}{m_2}\times 100\right) \tag{8-1}$$

式中 GS_1——破碎筒 1 的颗粒稳定性；

GS_2——破碎筒 2 的颗粒稳定性；

m_1——破碎筒 1 中试样质量，g；

m_2——破碎筒 2 中试样质量，g；

m_3——破碎筒 1 中残留在 4 mm 筛上的试样质量，g；

m_4——破碎筒 2 中残留在 4 mm 筛上的试样质量，g。

如果 GS_1 和 GS_2 的偏差小于重复性限，则 GS 为 GS_1 和 GS_2 的算术平均值，精确到 0.01%。

如果 GS_1 和 GS_2 的偏差大于重复性限，重复操作步骤 5，如果这次测定 GS 与上次预测 GS 的算术平均值的偏差小于重复性限，则两次算术平均值的平均值为报告结果。否则所有结果作废，重新测试。

任务实施

做一做：对煅后焦颗粒稳定性进行测定操作。

纠错

纠一纠：教师对学生煅后焦颗粒稳定性测定操作进行纠错点评。

评价

评一评：以过程性考核为主，关注学生个体增值，根据实际可增加评价主体，完善评价体系。

评价指标		评价主体		
一级指标	二级指标	学生自评	学生互评	教师评价
知识目标	掌握煅后焦颗粒稳定性的测定方法			
能力目标	能进行煅后焦颗粒稳定性的测定操作			
	能进行数据处理			
素质目标	具备安全责任意识和精益求精的工匠精神			
	具备能说会做善评的能力			

思考与讨论

某煅烧工艺生产出来的煅后焦，测定颗粒稳定性大小的数据记录如下：破碎筒 1 中试料质量为 100.007 g；破碎筒 2 中试料质量为 100.001 g；钢球的质量为 1 kg；破碎筒 1 中残留在 4 mm 筛上的质量为 68.276 g；破碎筒 2 中残留在 4 mm 筛上的质量为 69.751 g。

请计算出该煅后焦的颗粒稳定性大小。

任务拓展

归纳总结煅后焦颗粒稳定性大小是如何影响预焙阳极质量好坏的，并上传教学平台。

总结反思

课后阅读

颗粒稳定性测定仪操作规程

1. 型号:ISPC-11 型。

2. 用途:用于煅后焦颗粒稳定性的测定。

3. 主要技术参数

(1)研磨筒容积:1 L。

(2)研磨钢球直径:10 mm±0.4 mm。

(3)单筒研磨钢球质量:1 kg。

(4)时间控制精度:±2 s。

(5)工作电压:220 V。

(6)功率:180 W。

(7)电机转速:1 450 r/min。

(8)磨机振幅:4 mm±0.5 mm。

(9)重复性:$r=2\%$。

(10)再现性:$R=3\%$。

4. 方法原理

低机械强度的煅后焦在混料过程中可能被破碎使粒级降低,低的颗粒稳定性会影响颗粒尺寸,进而可能会影响焙烧块的质量。用试验振动仪研磨 4~8 mm 的煅后焦颗粒,然后测定残留在特定筛网上的颗粒的余量。

5. 试样

约 200 g,颗粒尺寸为 4~8 mm(禁止预破碎)。

6. 操作规程

(1)按照 YS/T 587.11—2006 要求取样。检查线路连接是否正常。

(2)将料桶放到料桶托架上,盖上压盖,拧紧压盖螺母。

(3)将控制电缆连接到控制箱体上,控制箱体接通电源,打开母线插座开关,仪器通电,按计时器上、下键,调节计时时间。按下控制箱体启动按钮,仪器空载试运行是否正常。

(4)称取两份 100 g 试样,分别记为 m_1、m_2,精确至 0.01 g。称取 1 kg 钢珠,精确至 0.01 g。

(5)拧松压盖螺母,去掉压盖,拿出 1 号料桶,拧松料桶盖压紧螺栓,拿下料桶盖,将准备好的试样(m_1)和钢珠放入料桶中,盖上料桶盖,拧紧料桶盖压紧螺栓;2 号料桶装入试样(m_2),操作同上。

(6)装料完成后,将两个料桶分别放在料桶托架上,盖上压盖,拧紧压盖螺母。

(7)料桶安装好后,仪器上电,将时间继电器调整到 3.5 min,按下启动按钮,仪器运行 3.5 min 后自动停止工作。如仪器在工作过程中遇到故障,应及时按下停止按钮,仪器停止工作。

(8)仪器运行停止后,拧松压盖螺母,卸下压盖,拿出料桶,取出试样,筛分试样并称量,1号料桶的残留试样记为 m_3,2号料桶的残留试样记为 m_4,精确至0.01 g。

(9)结果计算。

按下式计算颗粒稳定性,以百分数GS表示:

$$GS=\frac{GS_1+GS_2}{2}=\frac{1}{2}\left(\frac{m_3}{m_1}\times100+\frac{m_4}{m_2}\times100\right)$$

式中　GS_1——1号料桶的颗粒稳定性;

GS_2——2号料桶的颗粒稳定性;

m_1——1号料桶中原始试样质量,g;

m_2——2号料桶中原始试样质量,g;

m_3——1号料桶中残留在4 mm筛上的试样质量,g;

m_4——2号料桶中残留在4 mm筛上的试样质量,g。

(10)试验完毕,清洁设备和工作场所。

7. 安全技术规程

(1)设备应接地线。设备使用前必须检查线路连接是否符合要求,有无短路、漏电现象。

(2)试验过程中若出现故障,应立即停止试验,必要时断电,并通知专职人员进行修理。不清楚故障情况,不得擅自处理。

(3)禁止任意拆卸设备,改装设备及线路。

8. 维护保养规程

(1)定期检查线路连接是否完好。

(2)试验前后应进行清扫,保持环境和设备清洁;设备长期不用时,应用保护罩盖好。

任务 2　煅后焦空气反应性的测定

工单编号:	姓名:	班级:
面向专业:炭材料工程技术	学号:	学时:2 学时

教学目标

1. 掌握煅后焦空气反应性的测定方法。
2. 能够进行煅后焦空气反应性的测定操作。
3. 具备安全责任意识、能说会做善评的能力和精益求精的工匠精神。

每课一句

胸怀是生命的厚度,越堆越厚。

任务要点

煅后焦空气反应性的测定

1. 方法原理

将一定质量的粒度为 1~1.4 mm 的炭阳极用煅后石油焦试样置于反应炉内,按照一定流量通入空气,并按照一定速率升温,当试样达到点火温度时就会与空气中的氧气发生反应,并且试样温度会突然增高。空气反应性即是由相关的热量测量法计算得到的。

2. 试剂

(1)空气:钢瓶或压缩气体,含水率小于 100 mg/min。

(2)校准标样:点火温度约为 620 ℃,升温速率为 10 ℃/min。

3. 仪器和设备

(1)反应炉(图 8-2):具有一个竖直的炉腔,能确保温度竖直均匀分布,温度能在 1 h 内从 20 ℃加热到 1 000 ℃,并且保证温度恒定在 1 000 ℃±5 ℃。

(2)反应管(图 8-3):由两根石英管和一个盖子构成,用磨砂玻璃连接。

①外管。

进气口:位置接近外管的顶部。气体可以通过它到达管子的底部,并且可以在通过样品前被预热。

保护管:用来保护热电偶,它的顶部距样品台底部 5 mm,进气管和保护管都延伸到反应炉外面。

②反应管:位于外管的内部,并与之相匹配。

(3)样品台:有直径为250~500 μm 的微孔,与反应管的内部相匹配,其位置应确保样品位于炉子的正中间。

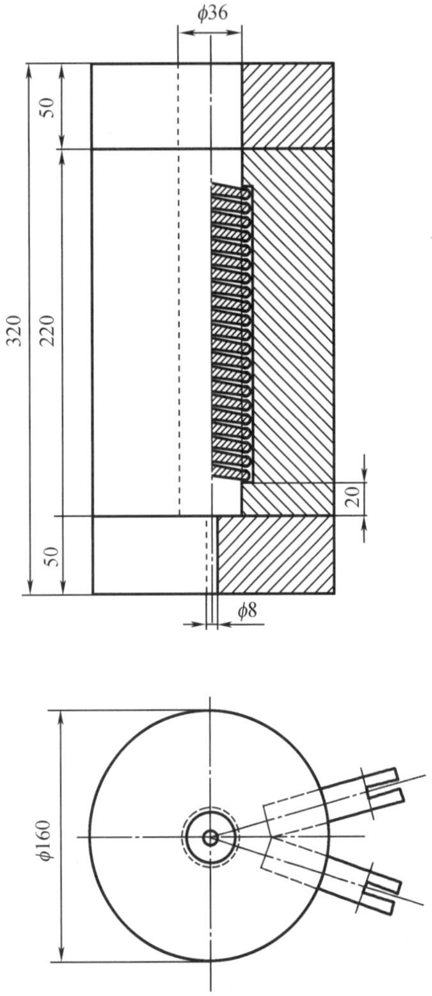

图 8-2 反应炉的形状和尺寸

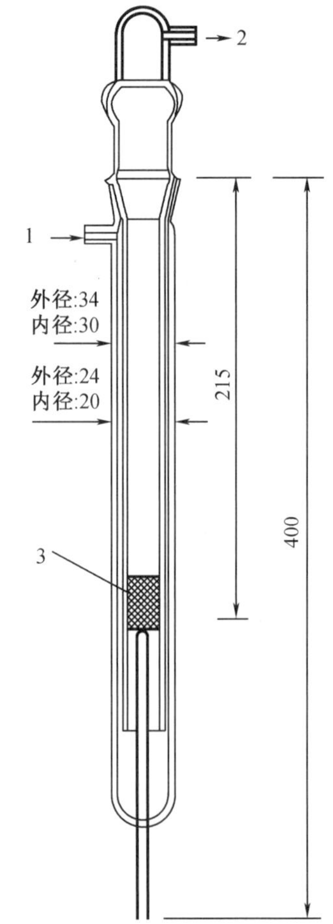

1—空气进气口;2—空气出气口;3—试样。

图 8-3 样品反应管

(4)盖子:有一个出气口,位于反应管顶部。

(5)热电偶:K 型镍铬热电偶,精度优于±0.375%,直径为 2 mm,长度至少为 200 mm。

(6)温度控制器:包含两点 PID 控温元件,其中一点调整升温速率,另一点显示温度。

(7)记录表:记录样品温度随时间的变化。另有一个自动检测样品点火温度的微处理器。

(8)气流装置:由用空气校准过的气体流量计(60 L/h,精度达到±2%)和压力表(p = 0.1 MPa)构成。

(9)压力控制器:由调压阀和范围到 0.1 MPa 的压力表构成。

4. 试样

将试样筛分成三部分:

第Ⅰ部分：>1.4 mm；第Ⅱa 部分：1~1.4 mm；第Ⅲ部分：<1 mm。

将第Ⅰ部分试样压碎，尽可能使其粒度为1~1.4 mm，过滤得到第Ⅱb 部分：1~1.4 mm。

将第Ⅱa 和第Ⅱb 部分彻底混匀，于 110 ℃±5 ℃下烘干 2 h，贮存在干燥器中备用。

5. 测定步骤

（1）称样

称取 5.0 g 试样，精确至 0.001 g。

（2）校准

测定两次某个校准标样的点火温度 T_R，取其算术平均值 T_M，并用这个结果来校正测量试样温度的热电偶。校准程序每周进行一次，设备维护（如更换热电偶或反应管等）以后也要进行校准。定期对记录进行校准。

测量试样的温度应减去校准温度与标准样品实际温度的差值。

（3）测定

温控程序要满足表 8-1 的要求。

表 8-1　控温程序

应用程序	快速法	慢速法
额定温度/℃	300	450
升温速率/（℃/min）	10	0.5

接通反应炉，插入未装样的石英管并用夹钳固定好，把反应炉加热到额定温度。打开空气阀，调整压力为 0.2 MPa、流量为 50 L/h。当炉温稳定在额定温度时，把称量好的试样插入反应管中开始升温。表 8-1 中显示了试样的温度。当试样温度急剧升高时，关闭反应炉和气阀。在时间-温度曲线图中，通过对温度急剧增加那一点弯曲部分（点火前和点火后）两端的直线部分进行延伸，得到煅后焦的点火温度 T'_1，精确到 0.1 ℃。

升温速率为 10 ℃/min 时，按式（8-2）计算 525 ℃下的空气反应性 ω_{525}，以每分钟质量损失的百分比（%/min）表示：

$$\omega_{525}=10^{\left(-9.519-\frac{4.159\times10^{2}}{T_1}+\frac{6.158\times10^{6}}{T_1^2}\right)} \tag{8-2}$$

升温速率为 10 ℃/min 时，按式（8-3）计算 600 ℃下的空气反应性 ω_{600}，以每分钟质量损失的百分比（%/min）表示：

$$\omega_{600}=10^{\left(-50.064-\frac{75\,364}{T_1}+\frac{2.798\,3\times10^{7}}{T_1^2}\right)} \tag{8-3}$$

式中　T_1——点火温度（$T_1=T'_1+273.16$），K。

空气反应性的测定结果精确到 0.01%/min。

【煅后焦空气反应性的测定】

6. 精密度

两种方法的精密度分别见表 8-2 和表 8-3。

表 8-2　快速法精密度(10 ℃/min)

参数	重复性	再现性
点火温度	两次测定结果的绝对差值不大于 3 ℃	两次测定结果的绝对差值不大于 6 ℃
600 ℃下的空气反应性/(%/ min)	两次测定结果的绝对差值不大于其平均值的 10%	两次测定结果的绝对差值不大于其平均值的 20%

表 8-3　慢速法精密度(0.5 ℃/mm)

参数	重复性	再现性
点火温度	两次测定结果的绝对差值不大于 3 ℃	两次测定结果的绝对差值不大于 6 ℃
525 ℃下的空气反应性/(% min)	两次测定结果的绝对差值不大于其平均值的 20%	两次测定结果的绝对差值不大于其平均值的 40%

任务实施

做一做:对煅后焦空气反应性进行测定操作。

纠错

纠一纠:教师对学生煅后焦空气反应性测定操作进行纠错点评。

评价

评一评:以过程性考核为主,关注学生个体增值,根据实际可增加评价主体,完善评价体系。

评价指标		评价主体		
一级指标	二级指标	学生自评	学生互评	教师评价
知识目标	掌握煅后焦空气反应性的测定方法			
能力目标	能进行煅后焦空气反应性的测定操作			
	能进行数据处理			
素质目标	具备安全责任意识和精益求精的工匠精神			
	具备能说会做善评的能力			

思考与讨论

请说明煅后焦空气反应性测定的注意事项有哪些。

任务拓展

归纳总结煅后焦空气反应性大小是如何影响预焙阳极质量好坏的,并上传教学平台。

总结反思

课后阅读

煅后石油焦空气反应性测定仪操作规程

1. 型号:ISPC-14 型。

2. 用途:用于煅后焦空气反应性的测定。

3. 主要技术参数

(1)工作温度:室温~1 000 ℃。

(2)控温精度:±1 ℃。

(3)空气流量计精度:≤1.25%。

(4)空气压力表精度:≤1.5%。

(5)加热丝品牌:瑞典康泰尔。

(6)加热丝直径:≥4 mm。

(7)热电偶套管材质:INCONEL 600。

(8)气源接头直径:8 mm。

(9)校准标样:点火温度≈620 ℃。

(10)升温速率:10 ℃/min。

(11)重复性:$r=10\%$。

(12)再现性:$R=20\%$。

4. 方法原理

将一定粒度、质量的煅后焦试样置于反应炉中,按一定流量通入空气,并按照一定速率升温,当试样达到点火温度时就会与空气中的氧气发生反应,并且试样温度会突然增高,空气反应性即是由热量测量法计算得到的。

5. 试样

1~1.4 mm,在 110 ℃±5 ℃下烘干 2 h,贮存于干燥器中。

6. 操作规程

(1)检查设备、气管的连接是否正常、完好

①气体进气管与进气口连接,打开调压阀,调节压力到 0.7 MPa。确保有足够的气体储量;每个炉体一个试验大约需要 150 标准立方米空气。

②确认设备电源连接完好。

③热电偶测温点检查:首先将石英反应器装配到位,放入加热炉并用架子固定;松开炉子底部热电偶锁紧螺母,调整热电偶,使其接触到石英管反应器内热电偶插管的顶端后,将热电偶固定。

(2)设备校准。

①校准原则:设备的校准原则上每周进行一次。

不同的升温速率对测量结果的影响不同,因此当选择不同升温速率进行测量时,必须进行不同升温速率的校准,即选择快速升温速率校准后,只能进行快速升温速率测量;当需

要改为慢速升温速率测量时,需先进行慢速升温速率校准。

当设备更换反应管、热电偶或加热炉后,都必须进行设备校准。

②校准步骤。

a. 打开主电源开关。插入空的石英反应管并用架子固定。

b. 在液晶屏上选择"初始化"键初始化系统,然后按"校准参数",进入参数输入界面,输入标准样品编号、燃点值,同时选择升温速率,按"确认"键返回。

c. 按"校准"键,到"校准画面"后按"开始"键,加热炉开始升温,达到待机温度后延时15 min 弹出放样提示画面,同时声音报警提示。

d. 打开反应管盖子,用长的不锈钢勺或漏斗将称量好的 5 g 标准样品均匀平铺在石英透气板上,盖上盖子,选择"确定"键继续校准程序;如不放样品,则选择"初始化"键结束校准程序。

e. 达到待机温度 20 min 后,进气电磁阀自动开启,同时声音报警提示放样时间结束,升温开始。观察并调节空气压力和流量,使其达到 0.2 MPa 和 50 L/h。加热炉开始按照选定升温速率升温。

f. 系统开始自动检测温度变化,当测到燃点后,炉子自动停止加热。

g. 液晶屏显示测量燃点值、空气反应性值,该次结果贮存于存储系统中,按"确定"键返回初始画面。

h. 重复上述步骤 a~g,进行第二个标准样品的校准测量。

i. 系统自动将两次测量结果的平均值校准到标准样品的燃点值。

j. 校准操作结束,如结果与标准值符合,则可以进行常规测量。

(3)操作步骤

①打开主电源开关,插入空的石英反应管并用架子固定。

②在液晶屏上按"测量参数",进入参数输入界面,输入待测样品编号,同时选择升温速率,按"确认"键返回。

③按"测量"键,到"测量画面"后按"开始"键,加热炉开始升温,达到待机温度后延时15 min 弹出放样提示画面,同时声音报警提示。

④打开反应管盖子,用长不锈钢勺或漏斗将称量好的 5g 样品均匀平铺在石英透气板上,盖上盖子,选择"确定"键继续测量程序;如不放样品,则选择"初始化"键结束测量程序。放样时要注意安全,以免烫伤。

⑤达到待机温度 20 min 后,进气电磁阀自动开启,同时声音报警提示放样时间结束,升温开始。观察并调节空气压力和流量,使其达到 0.2 MPa 和 50 L/h。加热炉开始按照选定升温速率升温。

⑥系统开始自动检测温度变化,当测到燃点后,炉子自动停止加热。

⑦液晶屏显示测量燃点值、空气反应性值,该次结果贮存于存储系统中,按"确定"键返回初始画面。

⑧在初始画面按"查询结果"键,可查看历史结果,本设备可以存储 100 个测量结果。查询方式:按"上翻"键加"显示"键显示上一个数据,按"下翻"键加"显示"键显示下一个数

据,直接按“显示”键显示当前数据。

⑨试验完毕,不需要进行下次测量时,断开电源、气源,待加热炉温度降至室温后,清扫设备和工作场所。

7. 安全技术规程

(1)设备应接地线,使用前必须检查线路和气管连接是否符合设备要求,有无短路、漏电或漏气现象;测试系统的气路及反应炉密闭性能良好。

(2)除炭素原料及制品以外的一切物品或化学试剂,严禁放入加热炉内升温加热。

(3)禁止伸手触摸炉子外壳,以免烫手。在取放试样过程中,绝对避免未戴热防护的肢体接触样品及石英管反应器。试验结束取出石英管反应器的内管后,应及时将其放在耐高温垫板上并移至安全位置。

(4)确保反应管出气口没有堵塞现象,温度显示仪、压力表、流量计的显示应准确。

(5)盛气钢瓶距离反应炉至少 1 m。

(6)禁止任意拆卸设备,改装设备及线路。

8. 维护保养规程

(1)定期检查线路的连接是否完好。

(2)温度显示仪、压力表、流量计应定期检查、校准。

(3)加热炉的定期检查。应定期检查炉芯内胆的氧化腐蚀剥落情况,如果发现出现损坏,应及时进行更换。更换方法:加热炉由 4 个螺栓固定在机架板上,在拆卸加热炉前,必须先将石英管反应器、底部控温热电偶、气管、加热电源线等从加热炉上取出或拆除。松开加热炉连接螺栓时,应托住加热炉底部,平稳地松开螺栓,将加热炉整体取出。将新加热炉用 4 个螺栓固定在机架板上,使螺栓处于未拧紧状态,调整炉子使下部热电偶处于炉膛中心位置,然后拧紧连接螺栓;将加热电源线接好、放入石英管反应器、调整热电偶位置、接上进气管后,加热炉更换完毕。

(4)热电偶的定期检查:应定期检查热电偶的平直度和表面腐蚀损伤情况。当热电偶有损伤情况出现时,应及时更换;热电偶下部距离试样上表面 10 mm,该距离对于试样的空气反应性测定结果影响较大,应每周进行一次校验。

(5)石英管反应器透气板检查:在不放试样时,开启减压阀,将压力调整到 0.2 MPa;调整空气流量计流量阀,使流量稳定在 50 L/h。如果该状态无法达到,说明透气板的气体透过性能达不到要求,应及时更换石英管反应器。

试验前后应进行清扫,保持环境和设备清洁;设备长期不用时,应用保护罩盖好。

任务3　煅后焦 CO_2 反应性的测定

工单编号:	姓名:	班级:
面向专业:炭材料工程技术	学号:	学时:2学时

教学目标

1. 掌握煅后焦 CO_2 反应性的测定方法。
2. 能够进行煅后焦 CO_2 反应性的测定操作。
3. 具备安全责任意识、能说会做善评的能力和精益求精的工匠精神。

每课一句

视野是生命的宽度,越看越宽。

任务要点

煅后焦 CO_2 反应性的测定

1. 方法原理

煅后焦中C和 CO_2 的反应性由质量损失法来描述,化学反应式为

$$C+CO_2 \longrightarrow 2CO$$

粒度为1~1.4 mm的炭阳极用煅后焦试样于1 000 ℃下,在50 L/h的 CO_2 气氛中,反应大约100 min后,测定其质量损失。

2. 试剂

CO_2 气体:纯度大于99.9%。

3. 仪器和设备

(1)反应炉(图8-4):具有一个竖直的炉膛,能保证温度分布竖直均匀,能够在1 h内从20 ℃加热到1 000 ℃,并且保证温度恒定在1 000 ℃±5 ℃。

(2)反应管(图8-5):由两个石英管和一个盖子构成,用磨砂玻璃连接。

外管要求如下:

①进气口位于外管顶部,允许气体流到管底部,预热后通过焦粒床。

②热电偶保护管的位置应使热电偶顶部位于样品台下5 mm处。底部和气体进口在反应炉外面。

内反应管:固定地插在外反应管中。

(3)样品台:有尺寸为250~500 μm的微孔,插在内反应管中,位于焦粒床底部炉子中间。

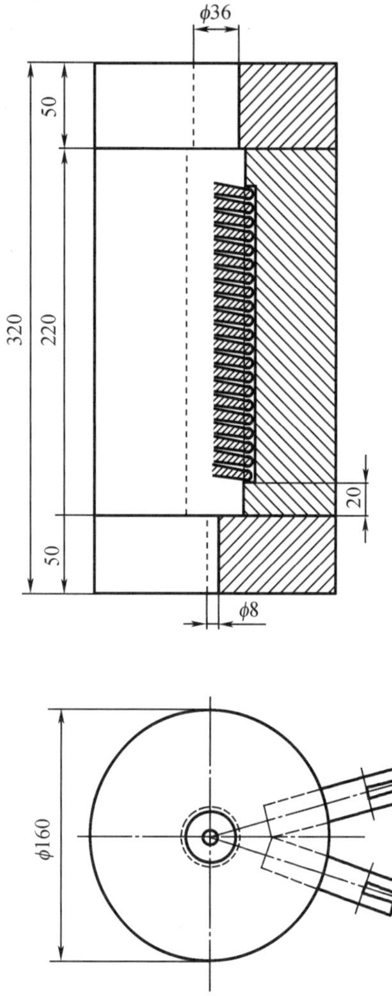

图 8-4　反应炉的形状和尺寸

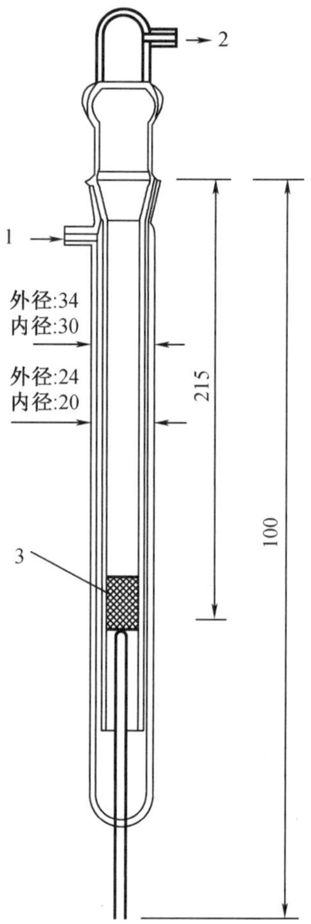

1—CO_2 进气口;2—CO_2 出气口;3—试样。

图 8-5　样品反应管

(4)盖子:有一气体出口,夹紧在内反应管顶部。

(5)热电偶:K 型镍铬热电偶,精度优于±0.875%,直径 2 mm,长度至少为 200 mm。

(6)温度控制器:两点 PID 温度控制器。有一套数字调节器(调节误差<0.5%)和一套数值温度显示器。选择设定点,使反应管内的热电偶指示到 1 000 ℃。

(7)气流装置:由用空气校准过的气体流量计(已用 CO_2 气体校准,60 L/h,精度达到±2%)和压力表(p=0.1 MPa)构成。

【煅后焦 CO_2 反应性测试装置】

(8)压力控制器:由调压阀和范围到 1.0 MPa 的压力表构成。

4. 试样

将试样筛分成三部分:

第Ⅰ部分:>1.4 mm;第Ⅱa 部分:1~1.4 mm;第Ⅲ部分:<1 mm。

将第Ⅰ部分试样压碎,尽可能使其粒度为 1~1.4 mm,过滤得到第Ⅱb 部分:1~1.4 mm。

将第Ⅱa 和第Ⅱb 部分彻底混匀,于 110 ℃±5 ℃下烘干 2 h,储存在干燥器中备用。

5. 测定步骤

(1)称样

称取 5.0 g 试样，精确至 0.001 g。

(2)校准

校准程序每周进行一次，设备维护（如更换热电偶或反应管等）以后也要进行校准。设定反应时间为 100 min。使用校准标样测量两次，取其算术平均值，校准仪器按反应时间（t_r）依照式(8-4)计算：

$$t_r = 100 \times \frac{w_{Rc,cal}}{w_{Rc,meas}} \tag{8-4}$$

式中　t_r——反应时间，min；

$w_{Rc,cal}$——标准 CO_2 反应的理论值，%；

$w_{Rc,meas}$——标准 CO_2 校准反应的测量值，%。

(3)测定

打开炉子并在温度控制单元设定温度为 1 000 ℃；装入空的石英反应管并用夹具固定。当炉温升到 1 000 ℃，并稳定 20 min 后，打开 CO_2 气阀，调整气压到 0.2 MPa，流量 50 L/h。在反应管中加入试料。反应 100 min（校准时计算出来的时间）后，关闭炉子并过 30 min 后，关闭 CO_2 气阀，拿出反应管放置在固定器冷却。当反应管冷却后，称量剩余的试样，精确至 0.001 g。

按式(8-5)计算 CO_2 反应性参数 w_{Rc}，以质量分数（%）表示：

$$w_{Rc} = \frac{m_0 - m_1}{m_0} \times 100\% \tag{8-5}$$

【煅后焦 CO_2 反应性的测定】

式中　m_0——与 CO_2 反应前试样的原始质量，g；

m_1——与 CO_2 反应后试样的最终质量，g。

6. 精密度

(1)重复性：在重复性条件下获得的两次测定结果的绝对差值不大于其平均值的 7%。

(2)再现性：在再现性条件下获得的两次测定结果的绝对差值不大于其平均值的 15%。

任务实施

做一做：对煅后焦 CO_2 反应性进行测定操作。

纠错

纠一纠：教师对学生煅后焦 CO_2 反应性测定操作进行纠错点评。

评价

评一评:以过程性考核为主,关注学生个体增值,根据实际可增加评价主体,完善评价体系。

评价指标		评价主体		
一级指标	二级指标	学生自评	学生互评	教师评价
知识目标	掌握煅后焦 CO_2 反应性的测定方法			
能力目标	能进行煅后焦 CO_2 反应性的测定操作			
	能进行数据处理			
素质目标	具备安全责任意识和精益求精的工匠精神			
	具备能说会做善评的能力			

思考与讨论

煅后焦 CO_2 反应性的测定结果为:煅后焦的原始质量为 5.002 g,与 CO_2 反应后最终的质量为 4.886 g。

请计算 CO_2 反应性参数 ω_{Rc},以质量分数(%)表示。

任务拓展

归纳总结煅后焦 CO_2 反应性大小是如何影响预焙阳极质量好坏的,并上传教学平台。

总结反思

课后阅读

煅后焦 CO_2 反应性测定仪操作规程

1. 型号:ISPC-13 型。

2. 用途:用于煅后焦 CO_2 反应性的测定。

3. 主要技术参数

(1)工作温度:室温~1 200 ℃。

(2)控温精度:±1 ℃。

(3)室温~1 000 ℃加温耗时:≤30 min。

(4)CO_2 流量计精度:≤1.25%。

(5)CO_2 压力表精度:≤1.5%。

(6)加热丝品牌:瑞典康泰尔。

(7)加热丝直径:≥4 mm。

(8)热电偶套管材质:INCONEL 600。

(9)气源接头直径:8 mm。

(10)额定电压:220 V。

(11)功率:1 kW。

(12)重复性:$r=7\%$。

(13)再现性:$R=15\%$。

4. 方法原理

煅后焦中 C 和 CO_2 的反应性由质量损失法来描述,化学反应式如下:

$$C+CO_2 \longrightarrow 2CO$$

将煅后焦试样于 1 000 ℃下,在 50 L/h 的二氧化碳气体气氛中反应约 100 min 后,测定其质量损失。

5. 试样

1~1.4 mm,在 110 ℃±5 ℃下烘干 2 h,贮存于干燥器中。

6. 操作规程

(1)检查设备电源、气管的连接是否正常、完好。

(2)用气管将瓶装 CO_2 经外接调压阀接入测定仪的进气口。打开瓶装气瓶的出气阀,将外接调压阀的压力调整为 0.4 MPa。

(3)设备通电运行:将主电源开关置于"ON"位置,设备通电,电源指示灯亮起。按"加热"按钮,反应炉开始升温,炉温达到 1 000 ℃时,稳定 20 min。提示铃声响起,放入试样 m_0(5 g,精确至 0.1 mg,1 min 内放样完毕),盖上盖子,开始通 CO_2 气体。放样时,注意安全,以免烫伤。

(4)通气:手动调节流量计使 CO_2 气体流量稳定在 50 L/h,气压 0.2 MPa。

(5)反应 100 min 后,自动停止加热,30 min 后铃声响起停止通气,关闭电源,将电源开关置于“OFF”位置。

(6)取样:戴上防护手套,打开石英料管待其冷却,取出残留试样,称量残留试样的质量,记为 m_1,精确至 0.1 mg。

(7)结果计算。

CO_2 反应性参数 w_{RC},以质量分数(%)表示:

$$w_{RC}=\frac{m_0-m_1}{m_0}\times 100\%$$

式中 m_0——与 CO_2 反应前试样的原始质量,g;

m_1——与 CO_2 反应后试样的最终质量,g。

(8)试验完毕,不需要进行下次测量时,断开电源、气源,待加热炉温度降至室温后,清扫设备和工作场所。

7. 安全技术规程

(1)设备应接地线,使用前必须检查线路和气管连接是否符合设备要求,有无短路、漏电或漏气现象;测试系统的气路及反应炉密闭性能良好。

(2)除预焙阳极以外的一切物品或化学试剂,严禁放入加热炉内升温加热。

(3)禁止伸手触摸炉子外壳,以免烫手。在取放试样过程中,绝对避免未戴热防护的肢体接触样品及石英管反应器。试验结束取出石英管反应器的内管后,应及时将其放在耐高温垫板上并移至安全位置。

(4)温度显示仪、压力表、流量计应定期检查、校准。

(5)盛气钢瓶距离反应炉至少 1 m。

(6)禁止任意拆卸设备,改装设备及线路。

8. 维护保养规程

(1)定期检查线路连接是否完好;任何维修维护都必须在断开电源下操作。

(2)温度显示仪、压力表、流量计应定期检查、校准。

(3)校准程序每周进行一次,由专业人员操作。

(4)炉芯内胆的定期检查:应定期检查炉芯内胆的氧化腐蚀剥落情况,如果发现穿孔,应及时进行更换。

(5)热电偶的定期检查:应定期检查热电偶的平直度和表面腐蚀损伤情况。当热电偶有损伤情况出现时,应及时更换。

(6)试验前后应进行清扫,保持环境和设备清洁;设备长期不用时,应用保护罩盖好。

任务 4　煅后焦微量元素的测定

工单编号：	姓名：	班级：
面向专业：炭材料工程技术	学号：	学时：2 学时

教学目标

1. 掌握煅后焦微量元素的测定方法。
2. 能够进行煅后焦微量元素的测定操作。
3. 具备安全责任意识、能说会做善评的能力和精益求精的工匠精神。

每课一句

时间是生命的长度，越用越短。

任务要点

煅后焦微量元素的测定

适用于炭阳极用煅后焦灰分（质量分数）小于 1%的样品中微量元素的测定，也适用于石油焦、预焙阳极及煤沥青中微量元素的测定。对于元素浓度超出检测范围上限的，可在进行适当的稀释后测定。

1. 方法原理

炭阳极用煅后焦在 700 ℃灰化，灰分用硼酸钾熔融，熔融物在稀硝酸（HNO_3）中溶解，样品溶液用等离子体原子发射光谱仪进行多元素的分析测定。分析采用同时或顺序进行的方式测定。溶液通过空气吸入或蠕动泵引入 IPC 仪器内。微量元素的浓度通过样品的发射强度与标准物质的发射强度之比进行计算。

可分析的元素及测定范围见表 8-4，其检测限、灵敏度和分析范围随样品基体及发射光谱仪的类型而有所不同。

表 8-4　测定元素及建议波长

元素	波长/nm	测定范围（10^{-6}）
铝	237，313，256，799，308，218，396，152	15～110
钡	455，403，493，410	1～65

续表

元素	波长/nm	测定范围(10^{-6})
钙	317,933,398,367,396,847	10~250
铁	259,940	40~700
镁	279,079,279,553	5~50
锰	257,610,294,920	1~7
镍	231,604,341,476,352,454	3~220
硅	212,412,251,611,288,159	60~290
钠	588,995,589,592	30~160
钛	334,941,337,280,308,802	1~7
钒	292,402	2~480
锌	202,548,206,200,213,856	1~20

2. 干扰

(1)光谱干扰

按照仪器制造商的操作规程,用校正因子进行仪器的干扰校正。应用校正系数时,浓度要在每个元素预先建立的工作曲线的线性范围内。

(2)光谱干扰的起因

另一元素光谱线的重叠;分子光谱的重叠;来自连续或复合光谱的背景影响;高浓度元素发射谱线的杂散光。光谱重叠可以在测量已知的干扰因素之后,由计算机对原始数据进行修正。对未知的重叠光谱需另外选择波长。背景和杂散光的影响可以通过对邻近分析线背景的调节进行校正。

如果存在物理干扰,则可通过稀释样品溶液、使用蠕动泵、采用标准加入法来减小干扰。在雾化前用洗涤器润湿氩气或稀释样品溶液,并清洗雾化器顶部的盐类沉淀。

3. 试剂

(1)偏硼酸锂($LiBO_2$);GR、粉状;硼酸锂(LiB_4O_7);GR、粉状;或由质量分数分别为66%的 $LiBO_2$ 和 34%的 LiB_4O_7 组成的混合物。

(2)水:二次蒸馏水。

(3)氩气:焊接级。

(4)硝酸:优级纯(65%)。

(5)硝酸溶液:10%(200 mL 65%硝酸用水稀释到 2 000 mL)。

(6)空白溶液(0.5 g $LiBO_2$ 和 25 mL 硝酸溶液(10%));称取 20 g±0.1 g 硼酸锂放入100~200 mL 铂金皿中,置于 1 000 ℃高温炉中熔融 5 min 成液体,取出冷却,将盛有已冷却重结晶的硼酸盐的铂金皿和一个磁力搅拌棒放到一个玻璃杯中,加入 1 000 mL 硝酸溶液(10%),在磁力加热板上缓慢加热并搅拌样品,直到硼酸盐完全溶解,用玻璃棒取出铂金皿和磁力搅拌棒。用水冲洗铂金皿和玻璃棒并入硼酸锂溶液中,将热溶液立即转移到 2 000 mL 容量瓶中用水稀释到 1 800 mL 以免结晶,混匀并冷却到室温,用水稀释至刻度,混匀,将全部溶液过滤备用。

(7)标准溶液:硝酸介质,元素的浓度为1 000 μg/mL单元素或多元素标准溶液。

【注】 为避免污染,铂金皿预先用稀硝酸($5\%HNO_3+95\%H_2O$)煮沸,并用水彻底冲洗。用同样的方法洗涤本试验中用到的玻璃器皿。

4. 仪器和设备

(1)电子天平:感量0.000 1 g。

(2)坩埚支架:镍铬合金丝三脚架。

(3)马弗炉:温度控制在700 ℃±10 ℃。

(4)高温炉:温度控制在1 000 ℃±10 ℃。

(5)干燥器:内装干燥剂。

(6)IPC-AES光谱仪:采用顺序型或采用多道同时测定,并装配有等离子体石英管和高频发生器。

(7)喷雾器:推荐采用高盐喷雾器,以减少雾化器堵塞并尽量减小气溶胶微粒的影响。

(8)蠕动泵:推荐使用能提供恒定溶液流速的蠕动泵。

(9)铂金皿:容积50~80 mL,100~200 mL,推荐PtⅡ(95%Pt+5%Au)。

(10)定量滤纸:慢速,ϕ90~110 mm。

(11)超声波浴。

(12)烘箱:温度控制在110 ℃±5 ℃。

5. 试样

将约20 g试样用研钵研磨(研钵需用硬质材料,如玛瑙、碳化钨、碳化硅),直至全部通过0.075 mm筛子。将研好的样品放入烘箱中110 ℃±5 ℃烘干2 h,贮存在干燥器中备用。

6. 仪器准备

(1)ICP-AES仪器。

(2)蠕动泵:在开机之前要检查蠕动泵管,必要时进行更换,调整溶液的吸入率到需要的速率。

(3)ICP激发光源:在进行分析之前,启动等离子体光源预热至少1 h。

(4)波长(分布)轮廓图:在仪器操作界面上的显示正常操作中,校正任一波长分布。

(5)操作参数:将合适的操作参数输入仪器程序中,以便能够测定所需要的元素。参数包括分析元素、波长、背景校正点(可任意选择)、干扰元素校正系数、积分时间及内标。

(6)根据所用设备的灵敏度和工作曲线的线性范围,选择标准试样的浓度范围与测试样品的浓度范围一致。并根据工作特性选择仪器,对于某些元素的测定需将样品稀释。

(7)对每台特定的仪器开始使用之前,需建立线性工作曲线,它是通过检测在空白和校正标准之间的标准样品,以及在线性范围内检测比校正标准浓度高的一些标准样品来完成。

7. 测定步骤

(1)试样:称取5.0 g试样,精确至0.000 1 g。

(2)测定次数:独立地进行两次测定,取其平均值。

(3)测定:

①将称好的试样放到在700 ℃±10 ℃下已恒重的50~80 mL铂金皿中。将铂金皿放入马弗炉中,从室温加热到700 ℃±10 ℃,灼烧2 h,取出铂金皿,置于干燥器中冷却30 min,称量精确至0.000 1 g,计算出试样灰分含量。

②称取0.5 g硼酸锂,精确至0.000 1 g,将硼酸锂均匀地撒在灰分上,将铂金皿放入高温炉中于1 000 ℃±10 ℃灼烧2 min,取出并用铂金钳轻轻转动铂金皿中熔融物溶解灰分,继续在电炉中加热2 min,获得透明熔融物。

【注】 灰分必须完全溶解,总加热时间是4 min,如果加热时间超过4 min,则可能造成钠的损失;如果加热时间少于4 min,则可能有部分灰分不能溶解。

③把熔融物置于陶瓷散热板上冷却5~10 min,加入25 mL硝酸溶液,立即放入超声波池,直到熔融物彻底溶解(保持溶液在50 ℃以下避免含水硅酸沉淀)。取出铂金皿,把这些溶液转移到100 mL容量瓶中,用水清洗铂金皿,并转入100 mL容量瓶中,用水稀释至刻度,混匀。

④将50 mL空白溶液和适量的标准溶液置于100 mL容量瓶中,用水稀释至刻度,制备校正标准点。

⑤用50 mL空白溶液和所需标准溶液,制备100 mL溶液作为校验标准。

【注】 标样和试样应具有相似的组成,减小由于基体影响造成的误差。

⑥使用前用校验标准校准ICP-AES仪器,使之与制造商说明书一致。

⑦测定试样中每种金属元素的质量分数。

8. 计算

按下式计算试样中各元素的质量分数(%):

$$w=\frac{AV}{W}\cdot\frac{C}{D}\cdot 10^{-6}\times 100\% \tag{8-6}$$

式中 A——元素在分析试样中的含量,mg/L;

V——试样溶液的体积,mL;

W——试样的质量,g;

C/D——稀释因子,根据试样需要将浓度稀释到标准溶液范围内,其中C为稀释后的体积,D为稀释前的体积。

检测结果为两次测定值的算术平均值。

9. 精密度

(1)重复性:重复性条件下获得的检验结果之间的差异,应符合表8-4的规定。

(2)再现性:再现性条件下获得的检验结果之间的差异,应符合表8-4的规定。

表8-4 重复性和再现性

元素	重复性	再现性
铝	$0.32X^{2/3}$	$0.92X^{1/3}$
钡	$0.19X^{1/3}$	$0.71X^{2/3}$

续表

元素	重复性	再现性
钙	0.000 72%	0.002 08%
铁	$1.66X^{1/2}$	$3.77X^{1/2}$
镁	$0.21X^{1/3}$	$0.61X^{2/3}$
锰	$0.042(X+0.000\ 255\%)$	$0.34(X+0.000\ 255\%)$
镍	$0.52X^{2/3}$	$0.96X^{1/3}$
硅	$0.71(X+0.000\ 48\%)$	$0.20(X+0.000\ 48\%)$
钠	$1.04X^{1/2}$	$3.52X^{1/3}$
钛	0.000 075%	0.000 116%
钡	$0.20X^{1/4}$	$0.35X^{3/4}$
锌	$1.07X^{1/3}$	$2.20X^{1/3}$

注：表中 X 表示计算结果的平均值。

任务实施

做一做：对煅后焦微量元素进行测定操作。

纠错

纠一纠：教师对学生煅后焦微量元素测定操作进行纠错点评。

评价

评一评：以过程性考核为主，关注学生个体增值，根据实际可增加评价主体，完善评价体系。

评价指标		评价主体		
一级指标	二级指标	学生自评	学生互评	教师评价
知识目标	掌握煅后焦微量元素的测定方法			
能力目标	能进行煅后焦微量元素的测定操作			
	能进行数据处理			
素质目标	具备安全责任意识和精益求精的工匠精神			
	具备能说会做善评的能力			

思考与讨论

影响煅后焦质量的微量元素有哪些?

任务拓展

归纳总结煅后焦微量元素大小是如何影响预焙阳极质量好坏的,并上传教学平台。

总结反思

课后阅读

滚筒装置操作规程

1. 型号:RDC181 型。

2. 用途:颠转,RDC146 和 RDC151 的辅助设备。

3. 主要技术参数

(1)加热功率:0.15 kW。

(2)额定电压和频率:220 V,50 Hz/60 Hz。

(3)转速:100 r/min。

(4)测量方式:全自动。

(5)钢球直径:6 mm。

4. 方法原理

将炭素试样(反应性测试之前直径为 50 mm)放入一个盛有 50 颗直径为 6 mm 的钢珠的圆筒形容器中。圆筒形容器安装在滚筒装置上。滚筒装置随后可以启动,14~18 min 后,炭素试样表面上松动的炭素颗粒和炭灰就被清理下来,用于精确确定掉渣比例。

5. 操作规程

在从炉子中取出后,试样应自然冷却至室温。每一个试样和它掉落到样品托底部的落灰,都应被称量(m_1)。试样随后在 RDC-181 设备上,与 50 个直径为 6 mm 的钢珠一起,经机械滚动 14 min(60 Hz)或 18 min(50 Hz),以去除黏结基质材料选择性燃烧后形成的松动的炭粒。

在滚动完成后,试样被清空并倒在筛网上,炭灰和落下的炭粒落到筛网下,炭素试样残余和钢珠留在筛网上。称量留在筛网上的试样残余(m_2)。收集钢珠以便下次使用。建议使用一个小磁铁收集钢珠。

6. 安全技术规程

(1)设备应接地线。

(2)设备使用前必须检查线路连接是否符合设备要求,有无短路、漏电现象。

(3)除预焙阳极以外的一切物品或化学试剂,严禁放入设备内测试。

(4)设备运行中,手和胳膊禁止接触滚筒装置。

(5)禁止任意拆卸设备,改装设备及线路。

7. 维护保养规程

(1)任何维护操作,都应首先将设备与主供电电源断开,方可进行。

(2)定期检查线路连接是否完好。

(3)更换继电器。

若要更换控制箱内的继电器,按如下步骤:

①关闭主开关“MAIN SWITCH”。

②将设备与主供电电源断开。

③将设备放在旁边,使其底部面向操作员。

④取下 4 个橡胶底垫与底板。

⑤拔下旧的继电器,插上新的即可。再装上底板和橡胶底垫,重新接通电源并打开主开关“MAIN SWITCH”。

(4)更换电机。欲更换电机,按如下步骤操作:

①关闭主开关“MAIN SWITCH”。

②将设备与主供电电源断开。

③松开将电机固定到支撑架的 4 颗螺钉。

④断开连接电机的电缆。

⑤解锁“arms”并将其移出。

⑥将原来的电机取下来,并更换新的。

⑦重新连上电机的两个“arms”并拧紧之。

⑧重新连接电缆,并重新用 4 颗螺钉将电机拧紧到支撑架上。重新连接主供电电源并打开主开关“MAIN SWITCH”。

(5)试验前后应进行清扫,保持环境和设备清洁;设备长期不用时,应用保护罩盖好。

任务5　预焙阳极空气渗透率的测定

工单编号:	姓名:	班级:
面向专业:炭材料工程技术	学号:	学时:2 学时

教学目标

1. 掌握预焙阳极空气渗透率的测定方法。
2. 能进行预焙阳极空气渗透率的测定操作。
3. 具备安全责任意识、能说会做善评的能力和精益求精的工匠精神。

每课一句

精于工、匠于心、品于行。

任务要点

预焙阳极空气渗透率的测定

1. 方法原理

试样空气渗透率的测定采用比较法,即测定一定体积的空气通过试样的时间,这个时间与相同体积的空气通过已知空气渗透率结果的标样相比较,从而得到试样的空气渗透率。

2. 仪器和设备

(1)卡尺:精度达到 0.02 mm。

(2)空气渗透率测定装置。

①真空泵:进口能产生 10 Pa 的真空度,出口能够产生 400 Pa 的高压,最大流速可达到 25 L/min。

②空气渗透装置。如图 8-6 所示,该室的设计要确保扁平的试样四周密封。压缩空气使橡皮管紧压试样,从而使圆柱形的试样密封。多孔的滤纸和海绵橡皮起保护作用,使灰尘和样品的颗粒不能进入真空泵。

③U 形管压力计。如图 8-7 所示,U 形管直接与真空泵连接,并与空气渗透室平行。工作长度为 220 mm,内径为 16 mm±1 mm,外径为 20 mm。用适当的液体来充满到平衡标记线,U 形管外带有三个叉形光传感器,最低的一个(传感器 3)安装在平衡标记线下面 145 mm 处,另外两个传感器分别安装在平衡标记线下面 30 mm(传感器 1)和 80 mm(传感器 2)处。当真空泵抽完真空后,关闭连接阀。这样,由于测试样品的空气渗透性而透过样品的气流将使真空度减低。

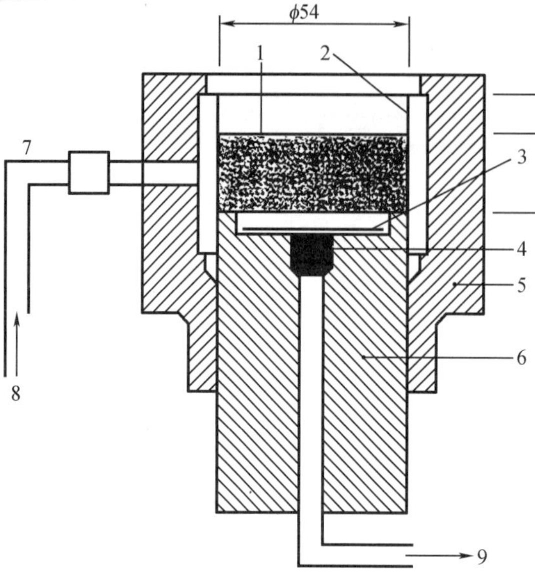

1—试样;2—橡皮管;3—多孔滤纸;4—海绵橡皮;5—可移动的夹紧装置;
6—固定活塞;7—塑料管;8—压缩空气进口;9—真空系统。

图 8-6　空气渗透装置

【空气渗透率测试装置】

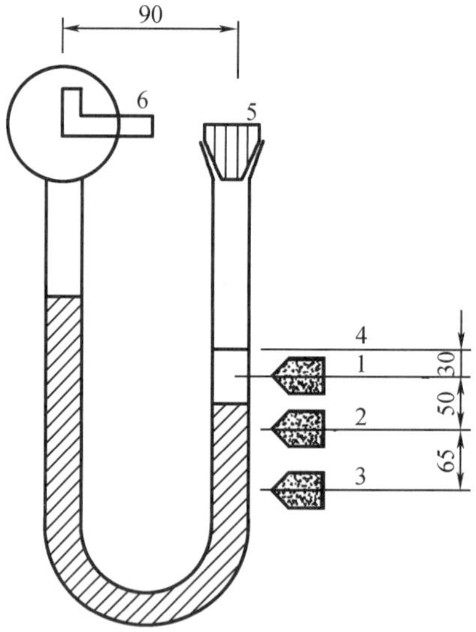

1—传感器 1;2—传感器 2;3—传感器 3;4—平衡标记线;5—空气进口;6—接真空泵。

图 8-7　U 形管压力计

(3)空气渗透率标准样品(图 8-8)。已知空气渗透率的高精度毛细管,其空气渗透率值为 $1\times10^{-9}\sim2\times10^{-9}$ m^2 较为合适。毛细管固定在一个与测试设备配套的支架上,支架直径为 50 mm。合适的密封保障毛细管与金属支架之间不漏气。

(4)不透气的圆盘。其尺寸与测试样品相同。

3. 取样和测试样品的准备

(1)按照 GB/T 26297.3 的规定进行取样,采用圆柱体样品。

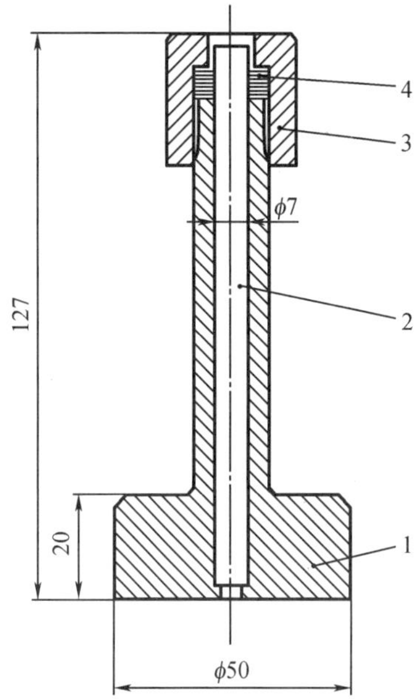

1—固定器;2—毛细管;3—螺帽;4—密封装置。

图 8-8　空气渗透率标准样品示意图

【预焙阳极空气渗透率的测定】

(2)随机选择一个样品,切去端部至少 20 mm。

(3)从切去端取高度为 20 mm 的试样,除去试样上的附着物,在 110 ℃±5 ℃下烘干 12 h。

(4)测试样品的直径为 50.0 mm±0.4 mm,高度为 20 mm±0.1 mm。两个面的平行度为 ±0.05 mm。

(5)用卡尺沿圆柱体试样的圆周每间隔 90°测量其高度,偏差不超过 0.02 mm,计算高度测量值的平均值;再用卡尺测两组直径数据,两组之间间隔 90°。每组偏差不超过 0.02 mm。直径数据每组测定四次,分别在试样的上下两端各测一次、轴线的中间点测两次。计算两组直径测量值的平均值。

(6)校准和标准化

检查所有连接,确保密封。按照要求用已知空气渗透率结果的标准样品来校准设备。

4. 测定步骤

(1)检查所有的连接,确保它们密封良好。用一个不透气圆盘检查仪器是否漏气。

(2)将标准样品或测试样品放入仪器中,通入压缩空气使橡胶管膨胀。

(3)将系统抽真空,使 U 形管内液面到达传感器 3 的位置。关闭抽真空的阀门。这样,由于测试样品的空气渗透性而透过样品的气流将使真空度减低。当液面到达传感器 2 的时候,记下此时的时间。当液面到达传感器 1 的时候,再记下此时的时间。然后计算液体从传感器 2 到传感器 1 的时间。

5. 计算

利用标准样品,按照下式计算校正因子 f_c:

$$f_c = t_c \cdot D_c \cdot \frac{1\,963}{20} \tag{8-7}$$

式中 f_c——校正因子，$s \cdot m^3$；

t_c——时间差，s；

D_c——标准样品的空气渗透率，$10^{-9}m^2$；

1 963——对应测试样品直径为 50 mm 时样品的面积，mm^2；

20——对应测试样品的高度，mm。

按照下式计算测试样品的空气渗透率 D_s：

$$D_s = \frac{f_c}{t_s} \cdot \frac{h_s}{A_s} \tag{8-8}$$

式中 D_s——测试样品的空气渗透率，$10^{-9}m^2$；

t_s——时间差，s；

h_s——试样的平均高度，mm；

A_s——试样的面积，mm^2。

6. 精密度

重复性：$r = 0.06 \times 10^{-9}\ m^2$。

再现性：$R = 0.12 \times 10^{-9}\ m^2$。

任务实施

做一做：对预焙阳极空气渗透率进行测定操作。

纠错

纠一纠：教师对学生预焙阳极空气渗透率测定操作进行纠错点评。

评价

评一评：以过程性考核为主，关注学生个体增值，根据实际可增加评价主体，完善评价体系。

评价指标		评价主体		
一级指标	二级指标	学生自评	学生互评	教师评价
知识目标	掌握预焙阳极空气渗透率的测定方法			
能力目标	能进行预焙阳极空气渗透率的测定操作			
	能进行数据处理			
一级指标	二级指标	学生自评	学生互评	教师评价
素质目标	具备安全责任意识和精益求精的工匠精神			
	具备能说会做善评的能力			

思考与讨论

请说明空气渗透率测定时的注意事项有哪些。

任务拓展

归纳总结预焙阳极空气渗透率大小是如何影响预焙阳极质量好坏的,并上传教学平台。

总结反思

课后阅读

炭块空气渗透率测定仪操作规程

1. 型号:ISPC-27 型。
2. 用途:用于预焙阳极空气渗透率的测定。
3. 主要技术参数
(1)最大真空度:48 kPa。
(2)测量范围:0. 1~30 nPm。
(3)压缩空气压力:0. 4±0. 01 MPa。
(4)压缩空气消耗:25 L/min。
(5)重复性:$r=0.06\times10^{-9}$ m^2。
(6)再现性:$R=0.12\times10^{-9}$ m^2。
(7)电源:220 V,50 W。

4. 方法原理

通过测量气体渗透过试样(薄片圆柱体)重新充满具有一定真空度的系统所需要的时间,加以测定。为了简化数据结果的报告,以毫微坡莫(nPm,1 nPm=1 Darcy/9.87)为单位给出。

5. 试样尺寸

直径为 50 mm±0.4 mm,高度为 20 mm±0.1 mm 的圆柱体。样品的两个端面互相平行,公差在±0.05 mm 以内。样品必须在 110 ℃±5 ℃下干燥 2 h,然后在室温下冷却。

6. 操作规程

(1)检查设备、气管的连接正常、完好。仪器供气量应大于 25 L/min,压力大于 0.4 MPa,气源稳定。

(2)打开仪器电源开关,检查电源指示灯是否开启及电控仪表状况是否良好。

(3)仪表通电后进行设置和校准操作。

(4)试样测量。选择测量功能,进入样品设置画面,输入样品编号、高度平均值、直径平均值后,进入测量过程开始提示画面。测试结束后,仪表自动进入渗透率显示画面。

(5)密封性检查。10 min 后,如系统自动检测无泄漏,则进入相应功能选择画面,检查结束。

(6)仪器设置。直接按“设置”键进入时间设置画面,选择时间设置时,移动光标,可修改仪表显示时间。

(7)测量完成后,取出样品,关闭仪器,关闭压缩空气的总开关,清扫设备和工作场所。

7. 安全技术规程

(1)设备应接地线,使用前必须检查线路和气管连接是否符合设备要求,有无短路、漏电或漏气现象;测试系统的气路密闭性能良好。

(2)因设备所处环境的温度、湿度及大气压力会不断变化,所以每次开机后应根据上述操作规程(4)的步骤进行仪器校准。

(3)除预焙阳极以外的一切物品或化学试剂,严禁放入设备内测试。

(4)压力表的显示应准确。

(5)盛气钢瓶距离设备至少 1 m。

(6)试验过程中若出现故障,应立即停止试验,必要时断电、断气,并通知专职人员进行修理,不清楚故障情况,不得擅自处理。

(7)禁止任意拆卸设备,改装设备及线路。

8. 维护保养规程

(1)应定期检查电路、气管的连接是否完好;定期检查与校准压力表。

(2)应定期检查 U 形管内液面高度,大气平衡状态两侧液位必须达到标记线。如果液面高度不够,则需加注随机附带的专用测试液。注意只能使用生产公司提供的专用测试液。

(3)应定期检查密封性检查,可根据菜单上的操作方式每周检查一次。

(4)试验前后应进行清扫,保持环境和设备清洁;设备长时间不用时,应用保护罩盖好。

任务6　预焙阳极空气反应性的测定

工单编号：	姓名：	班级：
面向专业：炭材料工程技术	学号：	学时：2学时

教学目标

1. 掌握预焙阳极空气反应性的测定方法。
2. 能够进行预焙阳极空气反应性的测定操作。
3. 具备安全责任意识、能说会做善评的能力和精益求精的工匠精神。

每课一句

以匠心致初心，以初心致未来。

任务要点

预焙阳极空气反应性的测定（质量损失法）

1. 方法原理

先将圆柱状试样加热到550 ℃，然后以15 ℃/h的速度冷却到400 ℃±1 ℃。频繁转动试样，以便能够在炉外收集黏结剂选择性燃烧产生的灰尘。将试样表面松散的颗粒用颠转仪脱落。测量反应残留和燃烧损失，从而计算空气反应性。

2. 空气

空气：钢瓶装或压缩空气，含水量小于100 μg/g。

3. 仪器和设备

图8-9为测定设备装配示意图，其中包括以下部分。

(1)马弗炉(图8-10)：具有一个竖直单带炉膛，能确保温度竖直分布均匀，最高加热温度700 ℃。炉膛由难熔钢材(如奥氏体钢)制成，内径88.6 mm，长度486 mm。

(2)试样托架：附带一个可收集从试样上脱落的灰尘的盘子，用于在炉子中部放置试样。

(3)转动装置：可不间断地转动试样(振幅5 mm，1 r/min)。

(4)温度控制器：数字集成控制，能够产生和控制所需的温度曲线图(图8-11)。至少需要4个单元来控制气体和炉子的操作。

(5)气体流量表和压力表：CO_2气体流量表(p=0.1 MPa)，用空气校准，最大刻度为250 L/h，可精确至4%。由一个阀门调节至所需的气体压力(0.2 MPa)。

(6)热电偶：K 型镍铬热电偶，精度优于 0.75%，最小长度 340 mm。试样上表面与热电偶之间的距离应为 10 mm±0.5 mm。

(7)颠转仪：装配示意图如图 8-12 所示，由以下部分组成——电动马达：90 r/min，220 V，50 Hz；两个钢制圆筒：内径 68 mm，内高 120 mm。

(8)钢球：直径约 6 mm，每个圆筒中需要放置 50 个。

(9)筛子：孔径 4 mm。

【预焙阳极空气反应性测试装置】

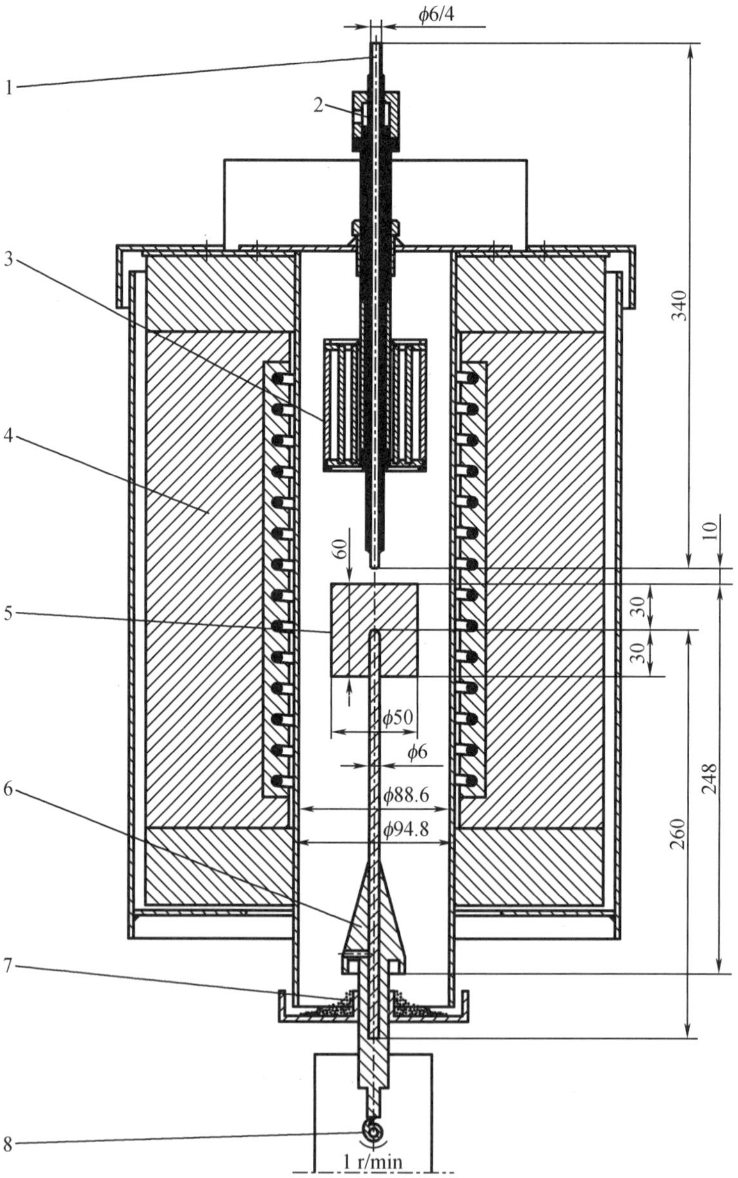

1—热电偶；2—空气；3—空气预热器；4—马弗炉；5—试样；6—样品托架；7—灰尘；8—转动装置。

图 8-9　空气反应性测定设备装配示意图

4. 取样

侧部炭块和预焙阳极按 YS/T 62.2 和 YS/T 62.3 的规定取样。

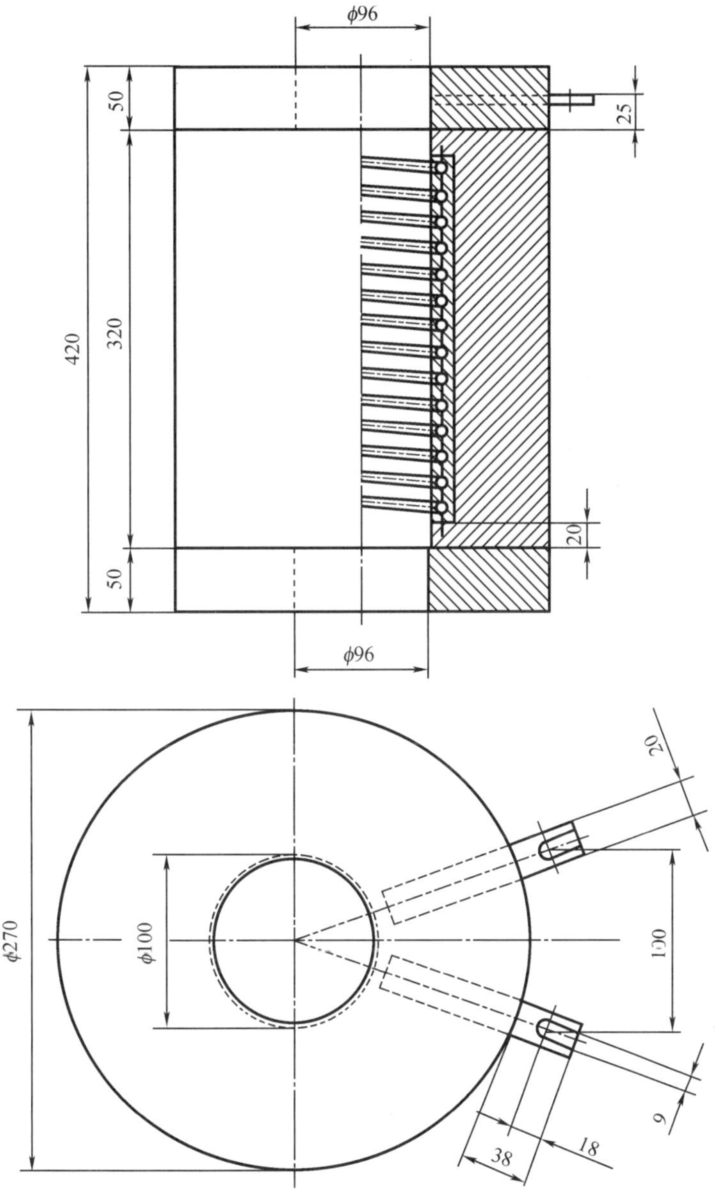

图 8-10　马弗炉

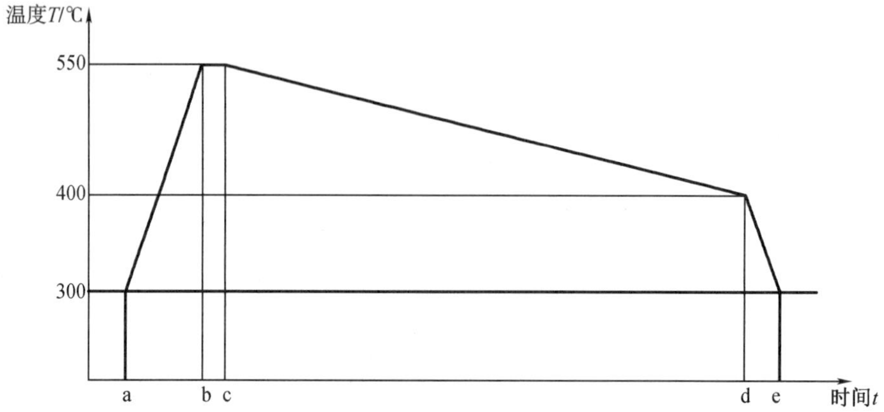

a—温度控制；b—装入样品；c—通入空气；d—关闭空气；e—取出样品。

图 8-11　空气操作流程及温度断面图

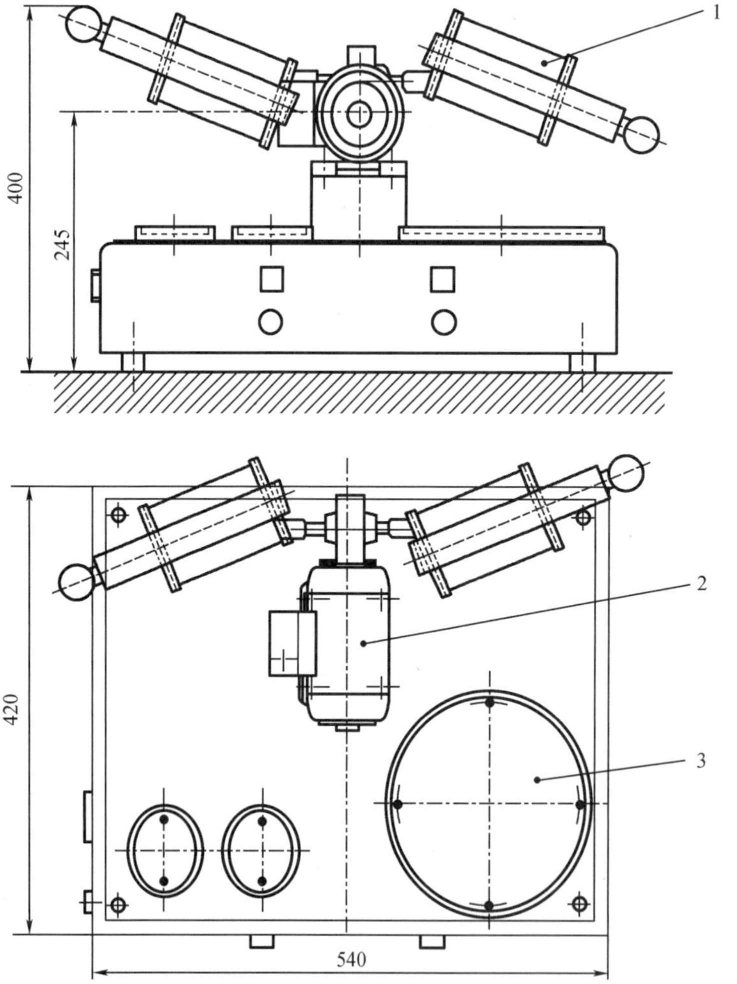

1—圆筒；2—马达；3—筛子。

图 8-12　颠转仪

【颠转仪】

5. 试样的制备

制备两个试样，直径为 550 mm±1 mm，长度为 60 mm±1 mm，在 110 ℃±5 ℃下烘干 2 h，然后冷却至室温。用具有 140°尖角、直径 7 mm 的硬金属钻头在每个试样底部中心位置钻一个直径 7 mm、距试样顶部 30 mm±0. 5 mm 的孔。

6. 测定步骤

（1）按照图 8-16 的温度曲线和规定设定温度控制器的程序，温度应不超过 550 ℃±1 ℃，冷却速度是 15 ℃/h。

（2）分别称量两个试样的原始质量 m_0，精确至 0. 1 g。

（3）打开温度控制器，使马弗炉升温至 550 ℃，将两个试样同时放入马弗炉中。30 min 后，通过空气预热器通入空气。设定空气压力为 0. 2 MPa，调节阀门使流速为 200 L/h。约 10 h 后，当温度降至 400 ℃±1 ℃时，停止通入空气。当温度达到 300 ℃时取出试样，收集底盘上的灰尘，然后让试样冷却至室温。

（4）称量试样及产生的灰尘的质量 m_1，精确至 0. 1 g。把反应后残留的试样分别置于颠转仪的两个圆桶中颠转 20 min。将圆桶中的试样及钢球放于孔径 4 mm 的筛上，取出钢球，分别称量两个残留试样的质量 m_2，精确至 0. 1 g。

【预焙阳极空气反应性的测定】

7. 分析结果的计算

按以下公式分别计算空气反应性的参数——残极率 w_{RAR}、脱落度 w_{RAD} 和反应损失比 w_{RAL}。

残极率：
$$w_{RAR}=\frac{m_2}{m_0}\times 100\% \tag{8-9}$$

脱落度：
$$w_{RAD}=\frac{m_1-m_2}{m_0}\times 100\% \tag{8-10}$$

反应损失比：
$$w_{RAL}=\frac{m_0-m_1}{m_0}\times 100\% \tag{8-11}$$

式中　w_{RAR}——残极率，即残留试样的质量分数，%；

w_{RAD}——脱落度，即灰尘的质量分数，%；

w_{RAL}——反应损失比，即反应损失的质量分数，%；

m_0——试样的原始质量，g；

m_1——反应后残留试样和灰尘的总质量，g；

m_2——颠转后残留试样的质量，g。

任务实施

做一做：对预焙阳极空气反应性进行测定操作。

纠错

纠一纠:教师对学生预焙阳极空气反应性测定操作进行纠错点评。

评价

评一评:以过程性考核为主,关注学生个体增值,根据实际可增加评价主体,完善评价体系。

评价指标		评价主体		
一级指标	二级指标	学生自评	学生互评	教师评价
知识目标	掌握预焙阳极空气反应性的测定方法			
能力目标	能进行预焙阳极空气反应性的测定操作			
	能进行数据处理			
素质目标	具备安全责任意识和精益求精的工匠精神			
	具备能说会做善评的能力			

思考与讨论

请说明影响炭阳极消耗的主要因素有哪些,以及这些因素是如何影响的。

任务拓展

归纳总结预焙阳极空气反应性大小是如何影响预焙阳极质量好坏的,并上传教学平台。

总结反思

课后阅读

炭块空气反应性测定仪操作规程

1. 型号:ISPC-22(2 炉体)型。
2. 用途:用于预焙阳极的空气反应性测定。
3. 主要技术参数
(1)加热功率:3 kW。
(2)额定电压:220 V。
(3)最高使用温度:700 ℃。
(4)从常温升至 550 ℃的时间:≤45 min。
(5)反应炉降温速率(每小时):15 ℃。
(6)热电偶:K 型,量程 0~800 ℃。
(7)控温精度:±1 ℃。
(8)空气流量计精度:≤1.25%。
(9)空气压力表精度:≤1.5%。
(10)试样尺寸及数量:ϕ500 mm×60 mm,一次测量一个试样。

(11)试样挂盘及内胆材质:耐热钢。

4. 方法原理

将一个焙烧圆柱体试样放置在炉子中间,首先将其加热至 550 ℃,然后以 15 ℃/h 的速度降至 400 ℃,首先确定失重,然后通过使用颠转仪,测定掉渣量。试样的残余体,称为反应性残余,也经过称重。所有结果以百分比表示。

5. 试样尺寸

直径 50 mm±1 mm,长度 60±1mm,在试样的底部中心上钻一个直径 7 mm、深 30 mm±0.5 mm 的圆孔,110 ℃±5 ℃干燥 2 h 后在室温下冷却并称量为试样的初始质量 m_0(精度 0.1 g)。

【注】 试样必须经过焙烧,否则会导致炉内爆炸。

6. 操作规程

(1)检查设备、气管的连接是否正常、完好。

①气体进气管与进气口连接,打开气瓶调压阀,调节压力到 0.7 MPa。确保有足够的气体储量;一个试验过程大约需要 2 标准立方米空气。

②确认设备电源连接完好后,打开仪器电源开关,检查各电控仪表状况是否良好;调节仪器调压阀,确保压力表指针指向 0.2 MPa。

③检查热电偶位置。将中间开有 ϕ6 mm×30 mm 孔的 ϕ50 mm×60 mm 样品挂在料杆上,抬起样品座并将定位轴插入座孔,样品被放入反应炉中。松开固定在炉盖上的热电偶卡套,将热电偶下端调整到距离样品表面 10 mm 处,拧紧卡套将热电偶定位。

(2)设备通电运行。将主电源开关置于"on"位置,系统通电,此时电源指示灯亮起。按"加热"按钮,反应炉开始升温,约 40 min 后炉温达到 550 ℃,提示铃声响起,提醒放入试样。实验员戴好防护手套、拔出试样盘座轴销,将试样盘座放到最低位,进行放样。

(3)放样。将已制备好的试样在样品挂杆上放好到位并保持平衡,确保试样孔位完全装好试样后快速升起底座,将试样送入炉中,插上定位销将底座固定。在此过程中温控系统将炉温稳定在 550 ℃±1 ℃,为避免炉温过度下降,应及时、快速地将试样放入。放样时要注意安全,以免烫伤。

(4)通气。放入试样 30 min 后提示铃声再次响起,仪器自动启动单个反应炉进气系统,调节流量计,使空气流量稳定在 200 L/h,同时控制系统控制气缸电磁阀以 1 次/min 的频率通断,开始振打样品。

(5)降温及取样。反应炉温控系统按照 15 ℃/h 的降温速度将炉温降至 400 ℃(共需要 10 h)后,仪器自动关闭单个反应炉进气电磁阀,控制系统提示铃响,试验结束,将试样取出后冷却到室温。取出残留试样和脱落物,称量其质量(m_1),精确至 0.1 g。

(6)颠转及称量。将残留试样放入颠转仪的料筒中(每个料筒中只放一个试样,按照标记号放入),每个料筒中放入 50 个直径为 6 mm 的钢球,颠转 20 min 以脱落残留试样上松散的颗粒。待颠转仪完全停止后,将料筒中所有的物料移入孔径为 4 mm 的筛子中,取出钢球,然后称量残留试样的质量(m_2),精确至 0.1 g。

(7)结果计算。

按以下公式分别计算空气反应性的参数——残极率 w_{RAR}、脱落度 w_{RAD} 和反应损失比 w_{RAL}：

残极率：
$$w_{RAR}=\frac{m_2}{m_0}\times 100\%$$

脱落度：
$$w_{RAD}=\frac{m_1-m_2}{m_0}\times 100\%$$

反应损失比：
$$w_{RAL}=\frac{m_0-m_1}{m_0}\times 100\%$$

式中　w_{RAR}——残极率，即残留试样的质量分数，%；

w_{RAD}——脱落度，即灰尘的质量分数，%；

w_{RAL}——反应损失比，即反应损失的质量分数，%；

m_0——试样的原始质量，g；

m_1——反应后残留试样和灰尘的总质量，g；

m_2——颠转后残留试样的质量，g。

(8)试验完毕，断开电源、气源，待加热炉温度降至室温后，清扫设备和工作场所。

7. 安全技术规程

(1)设备应接地线，使用前必须检查线路和气管连接是否符合设备要求，有无短路、漏电或漏气现象；测试系统的气路及反应炉密闭性能良好。

(2)除预焙阳极以外的一切物品或化学试剂，严禁放入加热炉内升温加热。

(3)禁止伸手触摸炉子外壳，以免烫伤。在取放试样过程中，绝对避免未戴热防护的肢体接触样品。

(4)温度显示仪、压力表、流量计的显示应准确。

(5)盛气钢瓶距离反应炉至少 1 m。

(6)禁止任意拆卸设备，改装设备及线路。

8. 维护保养规程

(1)定期检查线路的连接是否完好。

(2)温度显示仪、压力表、流量计应定期检查、校准。

(3)炉芯内胆的定期检查。应定期检查炉芯内胆的氧化腐蚀剥落情况，如果发现出现穿孔，应及时进行更换。

(4)热电偶的定期检查。应定期检查热电偶的平直度和表面腐蚀损伤情况。当热电偶有损伤情况出现时，应及时更换；热电偶下部距离试样上表面 10 mm，该距离对于试样的空气反应性测定结果影响较大，应每周进行一次校验。

(5)试样挂杆的定期检查。试样挂杆由耐热钢制成，应定期检查挂杆的氧化腐蚀情况和平整度。当变形较大时，应及时更换。

(6)反应炉内空气预热器的定期检查。空气预热器由耐热钢焊接而成,用于进气和固定热电偶的内外套管用螺纹与预热器连接,应定期检查预热器,以保证气体通道的畅通。如果发现预热器有裂纹或穿孔,应及时进行更换。

试验前后应进行清扫,保持环境和设备清洁;设备长时间不用时,应用保护罩盖好。

任务7　预焙阳极 CO_2 反应性的测定

工单编号:	姓名:	班级:
面向专业:炭材料工程技术	学号:	学时:2 学时

教学目标

1. 掌握预焙阳极 CO_2 反应性的测定方法。
2. 能进行预焙阳极 CO_2 反应性的测定操作。
3. 具备安全责任意识、能说会做善评的能力和精益求精的工匠精神。

每课一句

不负韶华,百炼成钢。

任务要点

预焙阳极 CO_2 反应性的测定(质量损失法)

1. 方法原理

将圆柱体预焙阳极试样置于马弗炉中,通入 CO_2 气体,960 ℃下反应 7 h。通过称量试样反应前后的质量,用颠转仪颠转产生的灰尘的质量,以及未反应的试样残留的质量,用三个指标表征 CO_2 反应性:残极率 w_{RCR}、脱落度 w_{RCD} 和反应损失比硼 w_{rcL}。

2. 试剂

CO_2 气体:CO_2 纯度大于 99.5%(体积分数),其中杂质含量为:$(N_2+Ar)<0.5\%$(体积分数),$H_2O<150\ mg/m^3$。

3. 仪器和设备

图 8-13 所示为测定炭素制品反应性 CO_2 的典型试验设备示意图。

(1)马弗炉:(尺寸图与图 8-10 一样)具有竖直的单区炉膛,能确保温度在垂直方向均匀分布,可加热至 1 000 ℃,并能在 960 ℃±2 ℃下保持恒定。

(2)样品托架:耐热钢材质,用来放置两个检测试样,置于炉子中部。并附一个可收集从试样上脱落的灰尘的盘子。图 8-14 所示为试验装置装配图例。

(3)温度控制器:含两点温度 PID 控制器,带温度调节器(调节误差小于 0.5%)和数字显示器。

(4)气体流量表和压力控制器:由气体流量表(用 CO_2 气体校准)和压力表组成。CO_2 气体流量表(p=0.1 MPa)最大刻度为 250 L/h,可精确至 4%。气体的压力由压力表控制,并可通过一个阀门调节气体压力以获得 0.2 MPa 的间隔。压力表的刻度范围为 0~1 MPa，可将 CO_2 气体导入马弗炉并使气体流量在试验期间保持±3%的压力波动。

(5)热电偶：K 型铬镍热电偶，精度优于 0.75%，最小长度 400 mm。试样上表面与热电偶防护罩之间的距离应为 10 mm±0.5 mm。

(6)氧化铝管：可使气体从炉子底部进入炉体并预热。

(7)颠转仪：(装配图同图 8-12)由以下部分组成——电动马达：90 r/min，220 V/110 V，50 Hz/60 Hz；两个钢制圆筒：内径 68 mm，内高 120 mm。

(8)钢球：直径约 6 mm。

(9)筛子：孔径 4 mm。

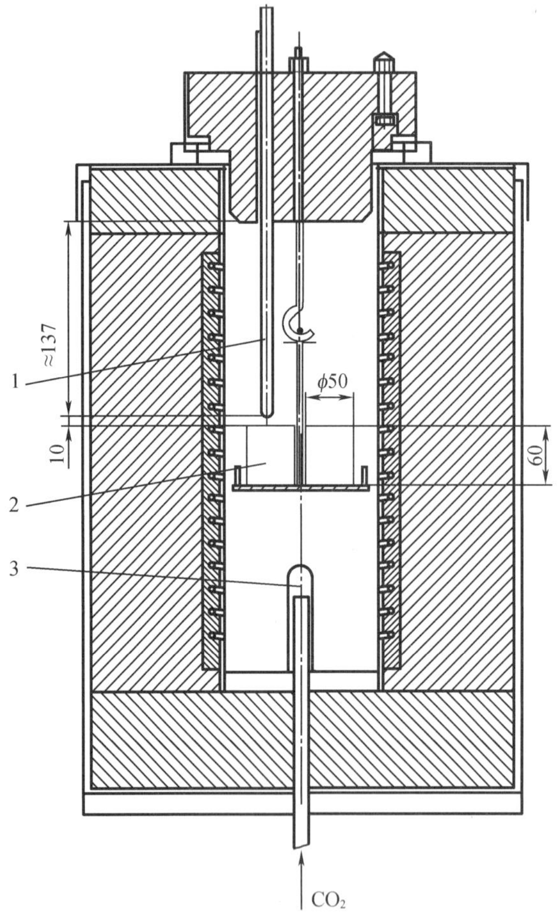

1—热电偶；2—试样；3—氧化铝预热管。

图 8-13　试验装置图

【预焙阳极 CO_2 反应性测定装置】

4. 取样

按 YS/T 62.3 的规定进行取样。

5. 试样的制备

制备两个试样，直径为 50 mm±1 mm，长度为 60 mm±1 mm，并在 110 ℃±5 ℃下烘干

2 h,然后冷却至室温。

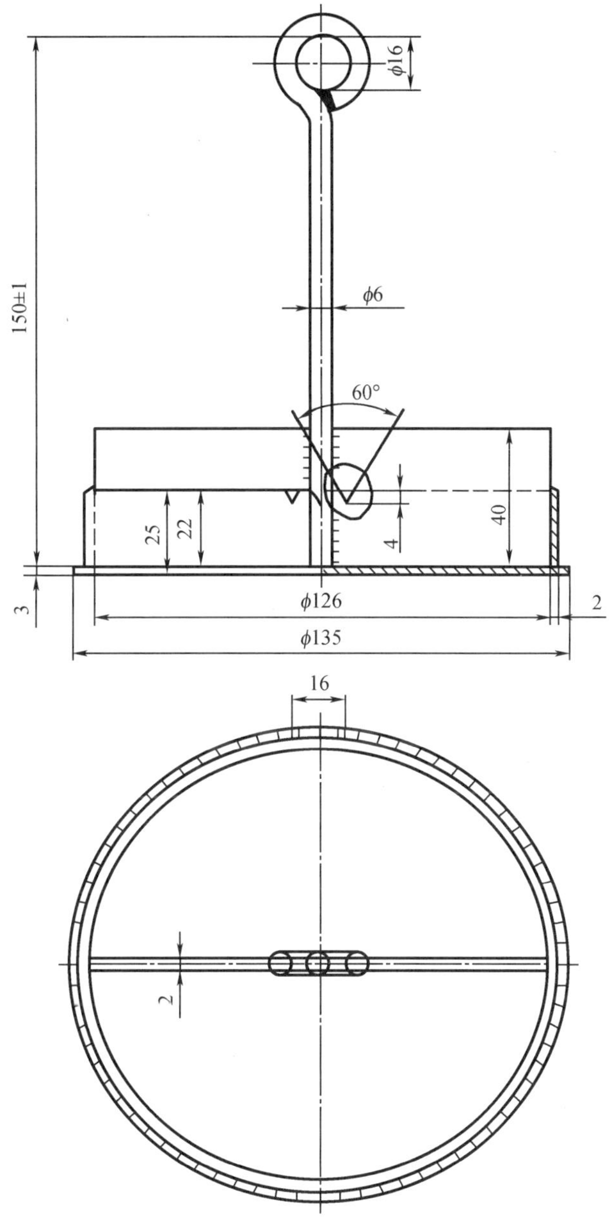

图 8-14　预焙阳极 CO_2 反应性试验装置装配图例

6. 测定步骤

(1)称量每个试样的原始质量 m_0,精确至 0.1 g。

(2)将马弗炉升温至 960 ℃±2 ℃,保温 1 min 使温度恒定,然后打开炉门放入试样,再关闭炉门。

(3)向炉内通入 CO_2 气体,调节氧化铝管内的气体流速至 200 L/h。在 960 ℃的恒定炉温下,以 200 L/h 的流速通入 CO_2 气体,在炉内反应 7 h,然后关闭电源,冷却 2 h,关闭气体。

(4)当炉温低于550 ℃时,取出残留试样和产生的灰尘。待其冷却至室温时,称量其质量 m_1,精确至0.1 g。

【预焙阳极 CO_2 反应性的测定】

(5)将残留试样分别放入颠转仪的两个圆筒中,每个圆筒中放入50个钢球,颠转20 min以脱落残留试样上松散的颗粒。待颠转仪完全停止后,将圆筒中所有的物料移入孔径4 mm的筛子中,取出钢球,然后称量残留试样的质量 m_2,精确至0.1 g。

7.计算

按以下公式分别计算 CO_2 反应性的参数——残极率 w_{RCR}、脱落度 w_{RCD} 和反应损失比 w_{RCL}。

残极率:

$$w_{RCR}=\frac{m_2}{m_0}\times 100\% \tag{8-12}$$

脱落度:

$$w_{RCD}=\frac{m_1-m_2}{m_0}\times 100\% \tag{8-13}$$

反应损失比:

$$w_{RCL}=\frac{m_0-m_1}{m_0}\times 100\% \tag{8-14}$$

式中 m_0——试样的原始质量,g;

m_1——反应后残留试样和灰尘的质量,g;

m_2——颠转后残留试样的质量,g。

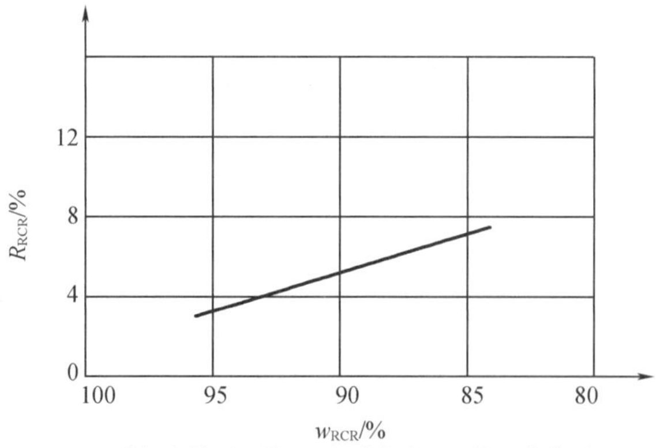

(a)残极率的再现性 R_{RCR} 与残极率 w_{RCR} 的函数关系

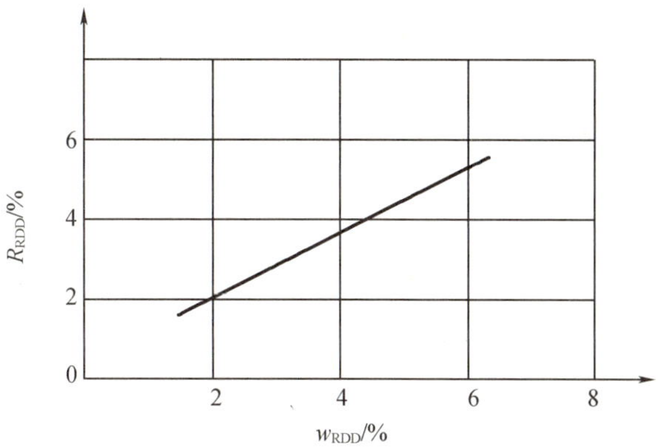

(b)脱落度的再现性R_{RDD}与脱落度w_{RDD}的函数关系

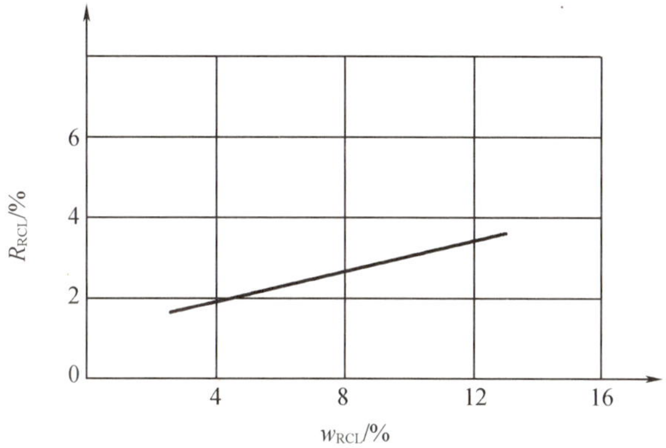

(c)反应损失比的再现性R_{RCL}与反应损失比w_{RCL}的函数关系

图 8-15　再现性 R_{RC} 与 CO_2 反应性参数 w_{RC} 之间的函数关系

任务实施

做一做:对预焙阳极 CO_2 反应性进行测定操作。

纠错

纠一纠:教师对学生预焙阳极 CO_2 反应性测定操作进行纠错点评。

评价

评一评:以过程性考核为主,关注学生个体增值,根据实际可增加评价主体,完善评价体系。

评价指标		评价主体		
一级指标	二级指标	学生自评	学生互评	教师评价
知识目标	掌握预焙阳极 CO_2 反应性的测定方法			
能力目标	能进行预焙阳极 CO_2 反应性的测定操作			
	能进行数据处理			
素质目标	具备安全责任意识和精益求精的工匠精神			
	具备能说会做善评的能力			

思考与讨论

预焙阳极 CO_2 反应性的测定结果为：预焙阳极样品的原始质量为 182.6 g；与 CO_2 反应后残留试样和灰尘的质量为 164.34 g；颠转后残留试样的质量为 160 g。

请计算出残极率、脱落度和反应损失比的大小。

任务拓展

归纳总结预焙阳极 CO_2 反应性大小是如何影响预焙阳极质量好坏的，并上传教学平台。

总结反思

课后阅读

炭块 CO_2 反应性测定仪操作规程

1. 型号：ISPC-21(2 炉体)型。

2. 用途：用于预焙阳极的 CO_2 反应性测定。

3. 主要技术参数

(1)加热功率：5 kW。

(2)额定电压：220 V。

(3)最高使用温度：1 200 ℃。

(4)从常温升至 1 000 ℃时间：≤1 h。

(5)散热速率：960 ℃降至 550 ℃。

(6)时间 2~2.5 h。

(7)热电偶：K 型，量程 0~1 200 ℃。

(8)控温精度：±1 ℃。

(9) CO_2 流量计精度：≤1.25%。

(10) CO_2 压力表精度：≤1.5%。

(11)试样挂盘：耐热钢。

(12)料盘材料：耐高温陶瓷。

(13)炉膛内胆材料：特种航天耐高温陶瓷。

4. 方法原理

一个焙烧圆柱体试样放置在炉子中间，炉子中通入二氧化碳气体，温度保持在 960 ℃，反应 7 h，首先确定失重，然后使用颠转仪测定掉渣量。试样的残余体称为反应性残余，也经过称重。用残极率、脱落度、反应损失比三个指标表征试样的 CO_2 反应性，所有结果以百分数表示。

5. 取样和试样尺寸

直径 50 mm±1 mm，长度 60 mm±1 mm，110 ℃±5 ℃下干燥 2 h 后，在室温下冷却并称量，记为 m_0(精度 0.1 g)。

注：试样必须经过焙烧，否则会导致炉内爆炸。

6. 操作规程

(1)检查设备、气体的连接是否正常、完好。

①CO_2 气体进气管与进气口连接，缓慢打开气瓶调压阀，调节压力到 0.7 MPa。确保有足够的 CO_2 气体储量；单个炉体一个试验过程大约需要 2 标准立方米 CO_2 气体。

②确认仪器电源连接好后，打开仪器电源开关，检查各电控仪表状况是否良好；调节控制面板上的调压阀，确保压力值为 0.2 MPa。

③检查热电偶位置。将炉盖升降开关拨到“开”位置，炉盖提升到位后自动停止。将 ϕ50 mm×60 mm 样品放入料盘中，松开热电偶卡套，将热电偶下端调整到距离样品表面

10 mm 处，拧紧卡套将热电偶定位。

（2）设备通电运行。将主电源开关置于“on”位置，设备通电，电源指示灯亮起。按下“加热”按钮，反应炉开始升温，约 1.5 h 后炉温达到 960 ℃，提示铃声响起，提醒放入试样。

（3）放样。将已制备好的试样在两个试样盘中各放一个，确保试样按标记放入试样盘中心并保持平衡。装好试样后将炉盖开关旋钮旋至“关”位，当炉盖下降到下限位置时会自动停止，将试样送入炉中。在此过程中温控系统将炉温稳定在 960 ℃±1 ℃，为避免炉温过度下降，应及时、快速地将试样放入。

放样时，注意安全，以免烫伤。

（4）通气。放入试样的同时，仪器自动启动反应炉进气电磁阀，手动调节流量计使 CO_2 气体流量稳定在 200 L/h，炉温控制系统控制炉温在 960 ℃±1 ℃恒温 7 h 后，自动停止加热，自然降温 2 h，自动关闭进气系统。

（5）降温及取样。炉温降至 550 ℃时，铃声提示反应炉试验结束。打开炉盖，取出样盘。待其冷却至室温时，称量其中残留试样的质量（m_1），精确至 0.1 g。

（6）颠转及称量。将残留试样放入颠转仪的料筒中（每个圆筒中只放一个试样，按照标记号放入），每个料筒中放入 50 个直径为 6 mm 的钢球，颠转 20 min 以脱落残留试样上松散的颗粒。待颠转仪完全停止后，将圆筒中所有的物料移入孔径为 4 mm 的筛子中，取出钢球，然后称量残留试样的质量（m_2），精确至 0.1 g。

（7）结果计算。

按以下公式分别计算 CO_2 反应性的参数——残极率 w_{RCR}、脱落度 w_{RCD} 和反应损失比 w_{RCL}。

残极率：

$$w_{RCR}=\frac{m_2}{m_0}\times100\%$$

脱落度：

$$w_{RCD}=\frac{m_1-m_2}{m_0}\times100\%$$

反应损失比：

$$w_{RCL}=\frac{m_0-m_1}{m_0}\times100\%$$

式中 m_0——试样的原始质量，g；

m_1——反应后残留试样和灰尘的质量，g；

m_2——颠转后残留试样的质量，g。

（8）试验完毕，断开电源、气源，待加热炉温度降至室温，清扫设备和工作场所。

7. 安全技术规程

（1）设备应接地线，使用前必须检查线路和气管连接是否符合设备要求，有无短路、漏电或漏气现象；测试系统的气路及反应炉密闭性能良好。

（2）除预焙阳极以外的一切物品或化学试剂，严禁放入加热炉内升温加热。

(3)禁止伸手触摸炉子外壳,以免烫伤。在取放试样过程中,绝对避免未戴热防护的肢体接触样品。

(4)温度显示仪、压力表、流量计的显示应准确。

(5)盛气钢瓶距离反应炉至少 1.0 m。

(6)禁止任意拆卸设备,改装设备及线路。

8. 维护保养规程

(1)定期检查线路的连接是否完好。

(2)温度显示仪、压力表、流量计应定期检查、校准。

(3)炉芯内胆的定期检查。应定期检查炉芯内胆的氧化腐蚀剥落情况,如果发现出现穿孔,应及时进行更换。

(4)热电偶的定期检查。应定期检查热电偶的平直度和表面腐蚀损伤情况。当热电偶有损伤情况出现时,应及时更换;热电偶下部距离试样上表面 10 mm,该距离对于试样的空气反应性测定结果影响较大,应每周进行一次校验。

(5)试样挂盘及样盘的定期检查。试样挂盘由耐热钢制成,应定期检查挂杆的氧化腐蚀状况和平整度,当变形较大时,应及时更换。试样盘是由耐热陶瓷制作,如有破损,应及时更换。

(6)反应炉内预热管的定期检查。预热管为预热 CO_2 气体而设,为保证气体畅通,应定期检查并清洁预热管。如果发现预热管有裂纹或表面被污物附着后无法清理干净,应及时进行更换。

试验前后应进行清扫,保持环境和设备清洁;设备长时间不用时,应用保护罩盖好。

任务8　预焙阳极微量元素的测定

工单编号：	姓名：	班级：
面向专业：炭材料工程技术	学号：	学时：2学时

教学目标

1. 掌握预焙阳极微量元素的测定方法。
2. 能够进行预焙阳极微量元素的测定操作。
3. 具备安全责任意识、能说会做善评的能力和精益求精的工匠精神。

每课一句

崇尚劳动、热爱劳动、辛勤劳动、诚实劳动，劳动光荣，创造伟大。

任务要点

预焙阳极微量元素的测定（X射线荧光光谱分析法）

1. 方法原理

X射线荧光光谱法是通过测量化学元素二次激发所发射的X射线谱线的波长和强度来进行定性和定量分析。由光管发生的初级X射线束照射在试样上，试样内各化学元素被激发出各自的二次特征辐射，这种二次射线通过准直器到达分光晶体。只有满足衍射条件的某个特定波长的辐射在出射晶体时得到加强，而其他波长的辐射被削弱。

根据Bragg定理，即

$$n\lambda = 2d\sin\theta \tag{8-15}$$

式中　n——衍射级数；

λ——入射光束（特征辐射）的波长；

d——晶体面间距；

θ——入射光与晶面间的夹角。

随着晶体的旋转，θ角发生变化，二次射线发生衍射，色散成光谱。当晶体转过θ角时，探测器旋转臂转过2θ。探测器每吸收一个X射线光子，就形成一个与光子能量成正比的电流脉冲。经过放大的脉冲，无论其是否经过脉冲高度选择，都可由计数器记数，并以单位时间内所测的光子数来评定X射线的强度。在定量分析时，首先测量系列标准样品的分析线强度，绘制标准样品的分析线测量强度对浓度的校准曲线，并进行必要的基体效应的数学校正，然后根据分析试样中元素谱线的强度求出元素含量。

2. 仪器和材料

(1)波长色散型X射线荧光光谱仪,Rh靶光管。

(2)磨样机及碳化钨磨盘。

(3)压片机,可提供20 kN压力。

(4)黏结剂:硬脂酸或黄蜡粉等(分析纯)。

3. 取样及试样的制备

(1)取样

预焙阳极按照YS/T 62.3的规定取样。试样应通过63 μm筛,并于120 ℃恒温干燥2 h。

(2)试样制备

①将所取试样经过破碎处理后使其全部通过4 mm孔径的筛,并于120 ℃恒温干燥2 h。再将破碎后的颗粒磨细至其全部通过63 μm孔径的筛。

②称取约30 g试样和约5 g黏结剂,混合研磨20 s,并取适量于压片机中压片。减少黏结剂的量,重复前述过程,直到取得合适的黏结剂加入量,使得样品压片后有足够的强度以满足测量要求。

(3)通过重复试验确定比例,建立标准曲线时设置比例,减少干扰。如推荐制样条件:试样与黏结剂的混合比例为10:1.5,压力20 kN,保压时间20 s,样片厚度不小于4 mm。

4. 测量

(1)测量条件

测量条件取决于设备,表8-2可作为指导依据。

表8-2 各元素的标准测量条件

元素	谱线	光管条件	初级射线滤光片	准直器/dg	晶体	计数器	谱峰角度/(2θ)	背景角度/(2θ)	谱峰测量时间/s
Na	Kal	20 kV,50 mA		0.46	OVO-55	FPC	25.186	24.092 26.901	100
Al	Kal	20 kV,50 mA		0.46	PET	FPC	144.498		60
Si	Kal	20 kV,50 mA		0.46	PET	FPC	108.875		60
S	Kal	20 kV,50 mA		0.46	PET	FPC	75.676		10
Ca	Kal	50 kV,20 mA		0.46	LiF200	FPC	113.070		20
Ti	Kal	50 kV,20 mA		0.46	LiF200	FPC	86.075		30
V	Kal	50 kV,20 mA		0.23	LiF200	FPC	76.883		20
Fe	Kal	50 kV,20 mA		0.23	LiF200	SC	57.470		20
Ni	Kal	50 kV,20 mA	A1500 μm	0.23	LiF200	SC	48.638		20

注:FPC为流气封闭计数器,SC为闪烁计数器。

(2)强度和背景的校正

测量元素的净峰强度可由测量峰强度及背景峰强度由下式计算得出。

$$I=I_p-I_b=I_p-\left(\frac{d_2}{d_1+d_2}\cdot I_{b1}+\frac{d_1}{d_1+d_2}\cdot I_{b2}\right) \tag{8-16}$$

式中　I——测量元素的 X 射线荧光净强度，kcps；

L——未扣除背景强度时测量元素的 X 射线荧光强度，kcps；

I_p——测量元素的 X 射线荧光背景强度，kcps；

I_b——位于阴极背景补偿角的 X 射线荧光强度，kcps；

I_{b1}——位于阳极背景补偿角的 X 射线荧光强度，kcps；

d_1——阴极背景补偿角与 2θ 的差值；

d_2——阳极背景补偿角与 2θ 的差值。

由此可得到净强度 I，如图 8-16 所示。

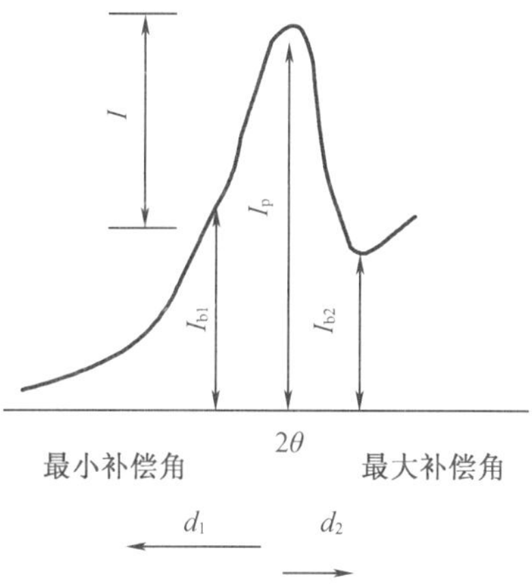

图 8-16　净强度

(3)计数时间

最小计数时间是得到小于期望测量精度的净计数误差$(2\sigma\%)_{net}$所必需的时间。

假定方法的重复性计数误差（~4σ）为 50%左右。

选择一个参照样品，其元素质量分数位于给定的范围中间，测量计数率，由下式计算每种元素的最小计数时间。

$$t=\left(\frac{100}{2\sigma\%}\cdot\frac{1}{\sqrt{I_p}-\sqrt{I_b}}\right)^2 \tag{8-17}$$

式中　t——总计数时间，s；

I_p——测量峰强度，kcps；

I_b——背景峰强度，kcps；

$2\sigma\%$——95%置信度下的相对目标精度，%。对 Na 元素，$2\sigma\%$值为 2%。对其他元素，$2\sigma\%$值为 1%。

峰值和背景计数时间的分布函数遵循下式：

$$\frac{t_p}{t_b}=\frac{\sqrt{I_p}}{\sqrt{I_b}} \tag{8-18}$$

式中 t_p——谱峰计数时间,s;

t_b——背景计数时间,s。

(4)仪器漂移的校正

定期使用控制样品进行仪器的漂移校正。按照下式通过测量控制样品计算元素的漂移校正分数:

$$f_d=\frac{I_1}{I_n} \tag{8-19}$$

式中 I_1——校准样品在校准曲线建立时测得的强度;

I_2——测定试样时,校准样品用同一校准曲线测得的强度。对于用一校准曲线测量强度为 I_m 的未知样品,校正后的强度 I_c 按照式(8-16)计算。

(5)校准

①校准样品的选择

所选校准样品要求覆盖表 8-3 中给出的含量范围。

表 8-3　校准样品中各成分含量范围

元素	Na	Al	Si	S	Ca	Ti	V	Fe	Ni
含量范围/(μg/g)	20~200	20~500	20~500	0.5~5	20~200	5~20	20~500	20~500	20~500

必须采用湿法化学方法对校准样品进行标定,并按照规定制备校准样片。

硫是引起吸收效应的主要元素,因此根据校准样品中硫元素的含量可对其他元素的含量进行校正。

②校准曲线的计算

校准曲线如图 8-17 所示。其中纵轴表示测量元素的 X 射线荧光净强度(I),横轴表示测量元素的质量分数(ω)。曲线的斜率 S(S 表示分析的灵敏度)由质量浓度为 0 时的背景强度(I_b)来确定。校准曲线可表示为

$$I=S\omega+I_b \tag{8-20}$$

由测量的强度值可计算出测量元素的质量分数,上式也可表示为

$$w=D+EI \tag{8-21}$$

式中 $D=-I_b/S$;

$E=S^{-1}$。

采用 de Jough 或其他方法如 Traill-lachance 对吸收效应进行校正。

所有的 de Jough 校正均基于测量元素的质量分数。该模式更适合在吸收增强效应的同时校正。数学计算按式(8-22)进行:

$$w(i)=D(i)+E(i)\cdot I(i)\cdot\left[1+\sum_j\frac{\alpha(i,j)\cdot w(j)}{100}\right] \tag{8-22}$$

式中 $\omega(i)$——被测元素 i 的质量浓度,μg/g;

$D(i)$——当 $I(i)=0$ 时元素 i 的质量浓度,μg/g;

$E(i)$——校正系数,校准曲线斜率的倒数;

$I(i)$——元素 i 的 X 射线荧光净强度,kcps;

$a(i,j)$——元素 j 对元素 i 的影响系数,可在回归分析过程中计算得到;

$\omega(j)$——元素 j 的质量分数,μg/g。

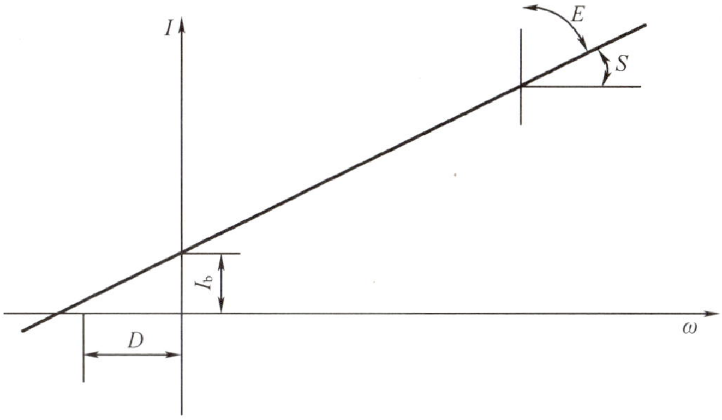

图 8-17 校准曲线

(6)未知样品的测量

按照要求准备未知试样并制备样片,在程序所列条件下进行测量。

【预焙阳极微量元素的测定】

(7)分析结果的表述

分析结果表示时,硫元素含量以质量分数(%)表示,其他元素以质量浓度微克每克(μg/g)表示。

任务实施

做一做:对预焙阳极微量元素进行测定操作。

纠错

纠一纠:教师对学生预焙阳极微量元素测定操作进行纠错点评。

评价

评一评:以过程性考核为主,关注学生个体增值,根据实际可增加评价主体,完善评价体系。

评价指标		评价主体		
一级指标	二级指标	学生自评	学生互评	教师评价
知识目标	掌握预焙阳极微量元素的测定方法			
能力目标	能进行预焙阳极微量元素的测定操作			
	能进行数据处理			
素质目标	具备安全责任意识和精益求精的工匠精神			
	具备能说会做善评的能力			

思考与讨论

请说明预焙阳极微量元素测定的注意事项有哪些。

任务拓展

归纳总结预焙阳极微量元素大小是如何影响预焙阳极质量好坏的，并上传教学平台。

总结反思

课后阅读

X射线荧光光谱仪操作规程

1. 型号:S8TIGER 型。

2. 用途:用于元素含量分析。

3. 主要技术参数

(1)测量方式:顺序扫描式。

(2)类别:波长色散型。

(3)分析元素范围:4Be～92U。

(4)含量范围:ppb(十亿分之一)到100%。

4. 操作规程

(1)检查电源、气源、水供给是否正常,所需工器具是否齐全。

(2)开机,第一次使用须开机预热30 min以上。

【注】 正常情况下仪器处于通电待机状态,无须停机,特殊情况(如停电等)除外。测量过程中不能突然断电,断电前半个小时应退出未测量完的样品,让仪器充分冷却,方能停机断电;仪器关机一周以上时,测量样品前应先做光管老化处理。

(3)将制备好的样品放入样器。

(4)触摸屏操作:选择工作曲线并键入样品名称,还可输入其他信息,如制样方法、样品质量等,然后按"测量"键开始测量,最后结果将显示在触摸屏上,并可以输出至打印机和保存在分析数据库中。

(5)分析完毕,取出样品。

(6)清扫设备和工作现场。

5. 安全技术规程

(1)设备必须接地线,带稳压电源。

(2)设备使用前必须检查线路连接和气体压力是否符合设备要求,有无短路、漏电、压力不足等现象。

(3)样品分析过程中出现"报警"或"错误"信息提示或过程中出现故障时,应立即停止试验,并通知专职人员进行处理,不清楚故障情况,不得擅自处理。

(4)未经领导许可,禁止私自改变仪器参数设置和曲线校准参数,不得私自更改应用程序、管理文件或设置密码。

(5)禁止任意拆卸设备,改装设备及线路。

6. 维护保养规程

(1)定期检查P10气体的使用情况,压力不足及时更换;定期校准压力表,损坏时须及时更换。

(2)定期检查冷却水位,水位低于要求时应及时补充。

(3)样品制备按要求坚实、平整、光滑,无飞边、毛刺、裂纹,灰尘吹扫干净,以免将粉尘带入设备。

(4)试验前后应进行清扫,保持环境和设备清洁;设备长期不用时,应用保护罩盖好。